职业教育课程改革与创新系列教材

电子产品简单故障维修

主　编　覃　斌　吴云艳
参　编　李森荣　向　书　李仁芝　王栋平　王晓勇

机 械 工 业 出 版 社

本书将学习任务采用工作页形式呈现，以适应一体化教学。一体化教学遵循“资讯、决策、计划、实施、检查、评价”六步原则，每个学习任务主要包括明确工作任务、制订工作计划、实施任务、总结与评价等教学环节，教师可以对照书中每个环节来组织教学，实现“教、学、做”融为一体的人才培养模式。

本书内容包括USB小风扇不起动故障检测与维修、LED灯不亮故障检测与维修、电子门铃无声音故障检测与维修、声控LED旋律灯闪烁故障检测与维修、饮水机加热异常故障检测与维修、声光控小夜灯常亮故障检测与维修、计算机小音箱无声音故障检测与维修、MF47型万用表电阻档故障检测与维修、触摸振动报警器不闪烁故障检测与维修、遥控电风扇风速档位失灵故障检测与维修10个学习任务。

本书结构严谨、内容丰富、图文并茂、通俗易懂，可作为技工院校、职业院校及成人高等院校的电子技术应用及其相近专业一体化课程教材，也可作为无线电调试工（中级）的培训教材。

图书在版编目（CIP）数据

电子产品简单故障维修/覃斌，吴云艳主编．—北京：机械工业出版社，2020.8（2025.1重印）
职业教育课程改革与创新系列教材
ISBN 978-7-111-66100-9

Ⅰ.①电… Ⅱ.①覃…②吴… Ⅲ.①电子产品-维修-职业教育-教材 Ⅳ.①TN07

中国版本图书馆CIP数据核字（2020）第124772号

机械工业出版社（北京市百万庄大街22号 邮政编码100037）
策划编辑：赵红梅 责任编辑：赵红梅 王宗锋
责任校对：刘雅娜 封面设计：马精明
责任印制：郜 敏
中煤（北京）印务有限公司印刷
2025年1月第1版第6次印刷
184mm×260mm · 10.5印张 · 256千字
标准书号：ISBN 978-7-111-66100-9
定价：35.00元

电话服务 网络服务
客服电话：010-88361066 机 工 官 网：www.cmpbook.com
010-88379833 机 工 官 博：weibo.com/cmp1952
010-68326294 金 书 网：www.golden-book.com
封底无防伪标均为盗版 机工教育服务网：www.cmpedu.com

前　言

为贯彻全国职业技术学校坚持以就业为导向的办学方针，实现以课程对接岗位、教材对接技能的目的，更好地适应“工学结合、任务驱动”模式教学的要求，满足项目教学法的需要，特编写本书。

本书是在深入研究电子产品特点的基础上，以“适用项目式教学”为指导，由一批具有丰富教学实践经验的一线教师编写而成的。

本书的编写以就业为导向，遵循“以学生为中心，以能力为本位”的编写原则，以完整工作过程搭建学习任务，采用任务驱动编写模式，以任务引领整个教学过程。本书是在充分吸收国内职业教育先进理念的基础上，总结了众多学校一体化教学改革的经验，汇集多位一线教师丰富的教学经验和企业实践专家的智慧完成的。在编写过程中，力求做到结构严谨、内容丰富、图文并茂、通俗易懂，案例接近日常生活电子产品，既方便教师教学，又方便学生自学。特别是在操作维修部分，侧重于对电子电路原理图的认识、对故障现象的分析判断，以提高学生在实际工作中分析问题和解决问题的能力，实现职业教育与社会生产实际的紧密结合。

学习本书大约需要 10 周（300 学时），教学内容的学时分配建议如下：

序　号	任务名称	参考学时	
		周　数	学　时
学习任务 1	USB 小风扇不起动故障检测与维修	1	30
学习任务 2	LED 灯不亮故障检测与维修	1	30
学习任务 3	电子门铃无声音故障检测与维修	1	30
学习任务 4	声控 LED 旋律灯闪烁故障检测与维修	1	30
学习任务 5	饮水机加热异常故障检测与维修	1	30
学习任务 6	声光控小夜灯常亮故障检测与维修	1	30
学习任务 7	计算机小音箱无声音故障检测与维修	1	30
学习任务 8	MF47 型万用表电阻档故障检测与维修	1	30
学习任务 9	触摸振动报警器不闪烁故障检测与维修	1	30
学习任务 10	遥控电风扇风速档位失灵故障检测与维修	1	30
合　计		10	300

本书由覃斌、吴云艳任主编，覃斌、吴云艳、李森荣、向书、李仁芝、王栋平、王晓勇共同编写，全书由吴云艳统稿，潘协龙主审。

具体编写分工如下：

覃斌编写“学习任务 2　LED 灯不亮故障检测与维修”和“学习任务 7　计算机小音箱

无声音故障检测与维修”。

吴云艳编写“学习任务 1　USB 小风扇不起动故障检测与维修”并负责全书统稿。

李森荣编写“学习任务 10　遥控电风扇风速档位失灵故障检测与维修”和“学习任务 9　触摸振动报警器不闪烁故障检测与维修”。

向书编写“学习任务 4　声控 LED 旋律灯闪烁故障检测与维修”和“学习任务 5　饮水机加热异常故障检测与维修”。

李仁芝编写“学习任务 8　MF47 型万用表电阻档故障检测与维修”。

王栋平编写“学习任务 3　电子门铃无声音故障检测与维修”。

王晓勇编写“学习任务 6　声光控小夜灯常亮故障检测与维修”。

本书在编写过程中，广西机电技师学院学术委员会专家们提出了很多宝贵意见，在此表示感谢！

由于编者水平有限，书中难免有疏漏与不妥之处，恳请广大读者和同仁批评指正。

编　者

目 录

学习任务 1

USB 小风扇不起动故障检测与维修

学习目标

完成本学习任务后，学生应当做到：

1. 能通过阅读维修工作任务单和观察实物，记录故障现象，明确维修工作任务要求。

2. 掌握常见电子设备故障的检修过程、检修原则、检修思路及常用检修方法，并能熟练应用到实际故障检修当中。

3. 能根据任务要求，列出所需工具、仪表和材料清单并做好准备，会制订合理的工作计划。

4. 会使用维修工具对 USB 小风扇进行拆装的基本技能训练。

5. 能使用万用表及其他仪器仪表对电路中相关元器件进行检测，并会判断电子元器件的好坏。

6. 能识读电路原理图，根据故障现象判断故障点，并按照任务要求和相关工艺规范完成电路的各工作点的测试，完成对电路的通电测试。

7. 能在规定时间内完成维修任务，会正确填写维修记录单，整理资料存档。

8. 能在任务完成过程中形成“6S”现场管理和安全环保意识，能按照管理规定清理检修现场。

建议学时

30 学时

工作情境描述

某学校学生宿舍需要检修一批带有不起动故障的 USB 小风扇，要求在规定时间内完成检修。现需要电子技术应用专业学生根据任务要求，领取待维修的物品，按工艺要求完成电路的故障检测和维修，完成后交给相关人员验收。在工作过程中应严格遵守安全生产管理规定。

工作流程与活动

学习活动 1　明确工作任务（4 学时）

学习活动 2　检修前的准备（8 学时）

学习活动 3　现场检修（12 学时）

学习活动 4　总结与评价（6 学时）

学习活动 1　明确工作任务

学习目标

1. 能通过与用户和业务主管等相关人员的专业沟通，明确工作任务，并准确概括、复核任务内容及要求。

2. 能通过阅读 USB 小风扇维修工作任务单，明确工作内容、工时、维修任务等要求。

3. 能通过对 USB 小风扇进行现场测试及与用户进行有效沟通，明确故障现象并做好记录。

4. 能熟悉 USB 小风扇各功能键的作用，以及用户使用中存在的常见故障。

建议学时

4 学时

学习过程

一、明确维修工作任务

1）请认真阅读工作情境描述，查阅相关资料，依据故障现象或现场观察，组织语言自行填写表 1-1 所示的维修工作任务单。

表 1-1　维修工作任务单

报修记录					
报修部门	某学生宿舍	报修人		报修时间	
报修级别	□特急　□急　☑一般		希望完工时间		
故障设备	USB 小风扇	设备编号		故障时间	
故障现象	USB 小风扇外观良好，没有破损，按开关键不起动，外接 5V 电源也不能起动				
维修要求	USB 小风扇能正常起动，实现 3 个档位风速正常，外接 USB 5V 电源也能正常使用				
维修记录					
接单人及时间		预定完工时间			
派工					
故障原因					
维修类别	□小修	□中修	□大修		
维修情况					
维修起止时间		工时总计			
耗材名称	规格	数量	耗材名称	规格	数量
维修人员建议					
验收记录					
验收部门	维修开始时间		完工时间		
	维修结果		验收人：	日期：	
设备部门			验收人：	日期：	

2）根据工作情境描述，模拟实际场景进行沟通交流，写出本次任务客户需求的要点。

二、调查故障及勘察维修现场

通过现场勘察、咨询，填写勘察维修现场记录表，见表1-2。

表1-2 勘察维修现场记录表

序号	调查内容	情况记录
1	USB小风扇的购买时间	
2	使用频次	
3	以前是否出现过故障	
4	曾经维修情况	
5	维修时间	
6	本次故障现象（与客户沟通交流获取信息）	
7	充电器是否正常	
8	勘察时间	
9	勘察地点	
10	备注	

小提示

现场勘察注意事项：

1）现场同客户核对故障现象，当面测试设备各项功能，排除客户没有发现的故障问题。

2）当面说明维修的风险，如果关键部件损坏，维修成本过高，客户是否愿意接受。

3）与客户说明维修后“三包”的条例。

学习活动 2　检修前的准备

学习目标

1. 能掌握基本检修过程、检修原则、检修思路及常用检修方法，并在实践中加以运用。

2. 能根据电路原理图及接线图等，分析故障原因，判断故障点。

3. 能根据工作任务要求和实际情况，制定 USB 小风扇维修工作计划。

建议学时

8 学时

学习过程

一、认识 USB 小风扇

1. USB 小风扇的外形

USB 小风扇广泛应用于日常生活中，是夏天用来消暑解热的一种电子产品，请根据 USB 小风扇的结构，结合实地观察、教师讲解和资料查询，写出各主要部件的名称。USB 小风扇外形及电路板如图 1-1 所示。

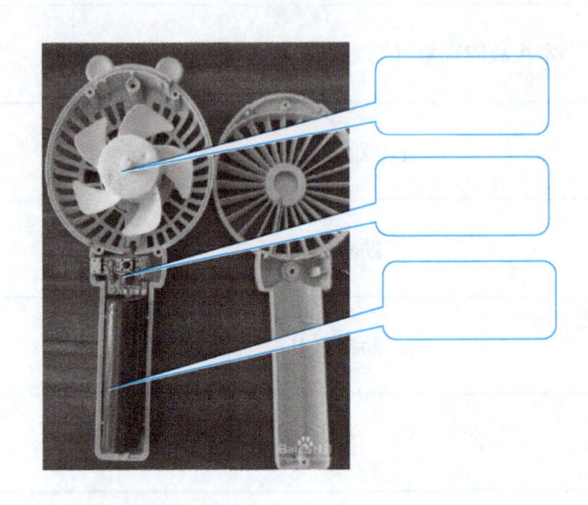

图 1-1　USB 小风扇外形及电路板

2. 直流电动机

1）直流电动机如图 1-2 所示，它是 USB 小风扇的主要部件，主要由定子部分和转子部分构成。请在图 1-3 中标出直流电动机的结构，并说明直流电动机中各部件的作用，填写在表 1-3 中。

图 1-2　直流电动机

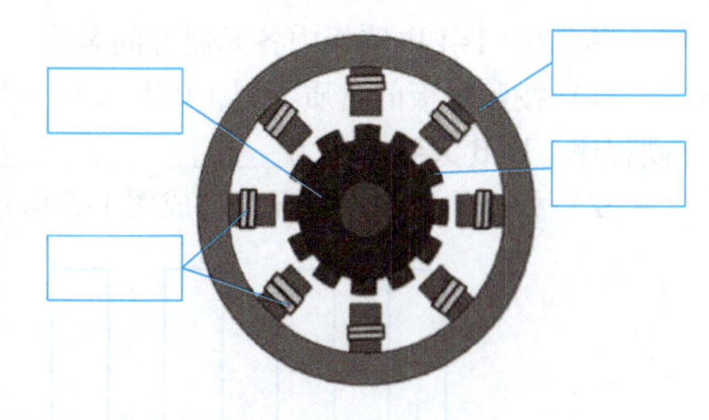

图 1-3　直流电动机的结构

表 1-3　直流电动机中各部件的作用

结构名称	作　用
定子	
定子绕组	
永磁体	
转子	

2）简述直流电动机的工作原理。____

____

____

二、认识印制电路板（PCB）

1. 印制电路板（PCB）的定义

印制电路板（Printed Circuit Board，PCB）是电子设备的主要部件，是电子元器件的支撑体和电气连接的提供者。印制电路板是通过一定的制作工艺，在绝缘度非常高的基材上覆盖一层导电性能良好的铜箔构成覆铜板，按照设计好的 PCB 图在覆铜板上蚀刻出相关的图形，再经钻孔等处理制成，以供元器件装配。未安装元器件的 PCB 称为裸板，如图 1-4 所示。

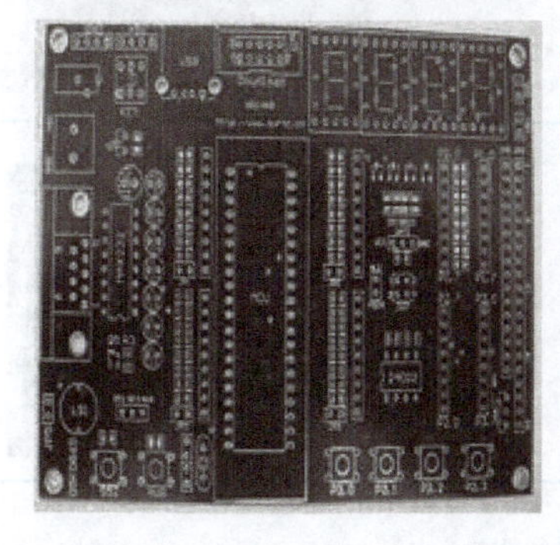

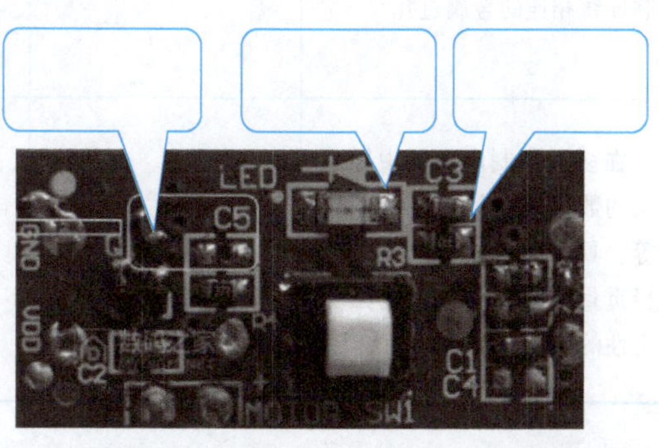

图 1-4　印制电路板

标出图 1-4 电路板中各元器件的名称，并回答下面问题：

1）按照基板的材质不同，PCB 大致分为__________和__________两种。按照 PCB 的软硬程序，PCB 大致可分为__________、__________和__________三种。

2）根据你了解的情况，完成图 1-5 所示的印制电路板制作流程。

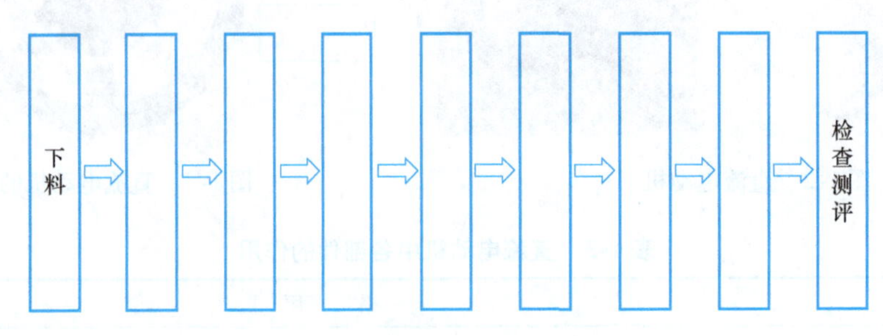

图 1-5　PCB 制作流程图

2. 印制电路板（PCB）的分类

PCB 按结构的不同可分为以下几种，见表 1-4，写出其应用领域。

表 1-4　印制电路板按结构分类

类别	说　明	应用领域	图　例
单面印制电路板	单面印制电路板所用的覆铜板只有一面覆铜箔，另一面空白。只能在覆铜箔面上制作导电图形，该面称为“焊锡面”（也叫 B 面）；没有覆铜箔的一面用于安放元器件，该面称为“元器件面”（也叫 A 面）		
双面印制电路板	双面印制电路板基板的上下两面均覆铜箔。因此，上、下两面都含有导电图形，导电图形中除了焊盘、印制导线外，还有使上、下两面印制导线相连的金属过孔		
多层印制电路板	在多层印制电路板中导电层的数目一般为 4、6、8、10 等。具有使整机小型化、减轻重量、增大密度和增强稳定性的特点		

通过查找资料，同学之间互相讨论，请回答以下问题：

1）通过什么计算机软件可以把原理图转换成印制电路板（PCB）图？

2）如何才能将电子元器件焊接到PCB上？

3）对焊点的要求有哪些？

3. 观察USB小风扇电路板并回答问题

1）USB小风扇电路板属于什么类型的电路板？该类电路板有什么特性？

2）USB小风扇电路板的元器件封装有哪几种？焊接时的注意事项有哪些？

三、认识USB小风扇电路

USB小风扇电路主要由直流电动机、充电电池、稳压电路、调速电路和保护电路五部分构成，如图1-6所示。

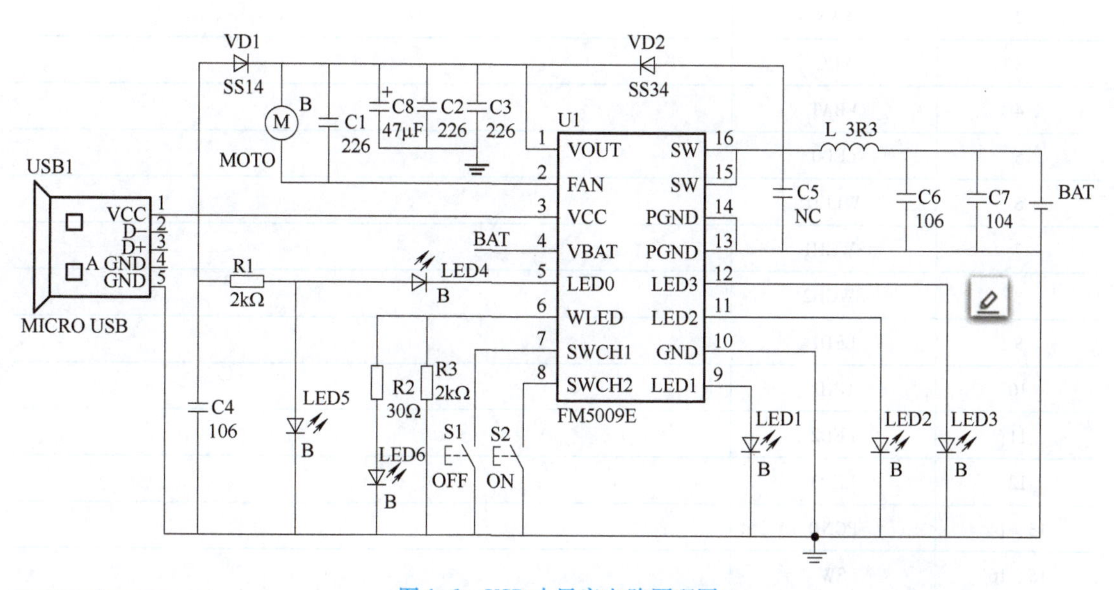

图1-6　USB小风扇电路原理图

1）识读如图1-6所示的USB小风扇电路原理图，在图中分别圈出稳压电路、调速电路和保护电路。

2）通过听教师讲解和查阅资料，列写下面各元器件的功能及作用，见表1-5。

表1-5　各元器件的功能及作用

序号	元器件	作　用	功能描述
1	U1		
2	BAT		
3	VD1、VD2		
4	LED1		
5	USB1		
6	S1		

3）认识FM5009E芯片。

上网查资料，查找FM5009E芯片的引脚说明，并完成表1-6。

表1-6　FM5009E芯片引脚功能表

引脚号	名　称	引脚功能
1	VOUT	
2	FAN	
3	VCC	
4	VBAT	
5	LED0	
6	WLED	
7	SWCH1	
8	SWCH2	
9	LED1	
10	GND	
11	LED2	
12	LED3	
13、14	PGND	
15、16	SW	

四、故障检修的基本方法

1）图 1-7 所示为电子产品排除故障的流程图，补全空缺的两个步骤。

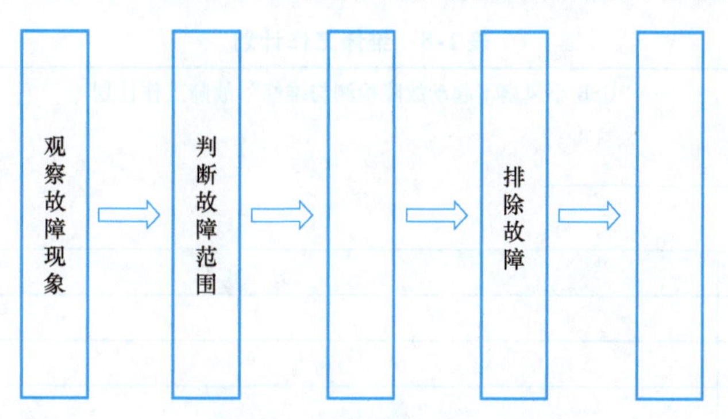

图 1-7　排除故障的流程图

2）查阅资料写出判断故障范围的________________________依据。____

____

小贴士

故障检修常见方法有观察法、电压测量法、电流测量法、电阻测量法、信号注入法、波形测量法，以及其他检修方法。

五、初步分析故障原因

根据学习活动 1 中了解到的故障现象，查阅相关资料，学习故障检修的分析案例，掌握故障分析的过程和方法；结合案例分析本任务故障可能存在的原因，记下应进一步检查的部位，填入表 1-7 中，为制订检修计划和排除故障做好准备。

表 1-7　故障现象、原因及检查内容

序号	故 障 现 象	故障形成的原因	待检查部位和检查内容

六、制订工作计划

查阅相关资料，了解维修任务实施步骤，结合实际情况，制订维修工作计划，见表1-8。

表1-8 维修工作计划

"USB小风扇不起动故障检测与维修"故障工作计划

一、人员分工

1. 小组负责人：__________

2. 小组成员及分工

姓名	分工

二、工具、仪表及材料清单

序号	工具、仪表或材料名称	单位	数量	备注

三、工序及工期安排

序号	工作内容	完成时间	备注

四、安全防护措施

注：小组人员分工可根据进度由组长安排一人或多人完成，应保证每人在每个时间段都有任务，既要锻炼团队合作能力，又要让小组每位成员都能独立完成这项任务。

七、评价

以小组为单位，展示本组制订的工作计划。然后在教师点评基础上对工作计划进行修改完善，并根据表1-9中的评分标准进行评分。

表1-9　测评表

序号	评价内容	分值	评分		
			自我评价	小组评价	教师评价
1	计划制订是否有条理	10分			
2	计划是否全面、完善	10分			
3	人员分工是否合理	10分			
4	任务要求是否明确	20分			
5	工具清单是否正确、完整	20分			
6	材料清单是否正确、完整	20分			
7	团结协作	10分			
合计		100分			

学习活动 3　现场检修

学习目标

1. 能采用适当的方法查找故障点，检测元器件的好坏，并排除故障。
2. 能正确使用万用表等电子仪表进行电路检测，完成通电试机，并交付验收。
3. 能根据任务实施过程填写工作日志。
4. 能根据维修过程中所使用的仪器仪表及元器件，正确填写维修记录。

建议学时

12 学时

学习过程

一、USB 小风扇拆卸

观察 USB 小风扇的外形结构，使用螺钉旋具等电工工具拆卸电路板，注意记录拆卸的步骤，填写拆卸记录表，见表 1-10。

表 1-10　拆卸记录表

步　骤	部　件	部件作用
1	电池	
2	电动机	
3	开关	
4	按钮	
5	电路板	

二、故障排除

1）检测元器件的好坏。

检测元器件的好坏一般使用万用表的电阻档。测量前应先选择档位，如果是指针式万用表，还要对电阻档调零。查阅相关材料，完成表 1-11 所示的检测元器件记录表。

表1-11　检测元器件记录表

序号	实物照片	文字符号	检测步骤	检测结果
1	SS14			
2				
3				
4				
5				
6				
7	UltraFire			

注：在使用万用表电阻档测量元器件两引脚电阻时，两只手不能同时触及元器件的两只引脚。

2）分析USB小风扇电路存在的故障，找出故障点，并填写到表1-12所示的故障检修情况记录表中。

表1-12　故障检修情况记录表

序号	检修步骤	过程记录
1	观察并记录故障现象	
2	分析故障原因，确定故障范围（通电操作，注意观察故障现象，根据故障现象分析故障原因）	
3	依据电路的工作原理和观察到的故障现象，在电路图上进行分析，确定电路的最小故障范围	
4	在故障检查范围中，采用逻辑分析及正确的测量方法，迅速查找故障并排除	
5	通电试机	

3）试机过程中自己或其他同学还遇到了哪些问题，相互交流并分析原因，记录处理方法，填入表1-13中。

表1-13 故障分析、检修记录表

故障现象	故障原因	处理方法

操作提示

1）在测量时应注意万用表的量程选择，选择不当将损坏万用表。

2）在调试过程中，如果加在直流电动机两端的电压为3.5V以上，说明电源电路基本正常，电池也没有问题，故障主要在直流电动机上。故障排除思路：先检测外接电源，或电池电压是否正常；再判断电动机是否正常，可以外接其他5V的电源来测试电动机；最后再检查电路板上各功能键是否正常。

三、自检、互检和试机

故障检修完毕后，进行自检、互检，经指导教师同意，在教师的辅助下通电试机，并记录自检和互检的情况，填写表1-14所示的故障检修记录表。

表1-14 故障检修记录表

故障范围是否正确		检查方法是否正确		是否修复故障	
自检	互检	自检	互检	自检	互检

四、设备验收

1）在验收阶段，各小组派出代表进行交叉验收，并填写表1-15所示的验收过程问题记录表。

表1-15 验收过程问题记录表

验收问题	整改措施	完成时间	备注

2）将学习活动1中的维修工作任务单填写完整。

五、其他故障分析与练习

1）除了本学习任务涉及的故障现象外，实际应用中USB小风扇还可能出现其他各式各样的故障情况。以下是USB小风扇几种常见的故障现象，查询相关资料，分析故障原因，判断故障范围并简述处理方法。在教师指导下进行实际排除故障训练，将结果填入表1-16中。

表1-16 故障分析及检修记录表

序号	故障现象描述	故障范围	故障原因	处理方法
1	LED不亮			
2	风扇一起动就停			
3	风扇不能调速			
4	外接电源可以转动，自带电源不转动			
5	其他故障			

2）故障分析与检修完毕，进行自检和互检，根据测试内容填写表1-17。

表1-17　故障排除确认表

序　号	故障现象	故障范围是否正确		检修方法是否正确		是否修复故障	
		自　检	互　检	自　检	互　检	自　检	互　检
1							
2							
3							
4							
5							

六、评价

以小组为单位，展示本组检修成果。根据表1-18所示的任务测评表进行评分。

表1-18　任务测评表

评分内容		分值	评　分		
			自我评分	小组评分	教师评分
故障点分析及判断	能正确分析故障现象，思路清晰（10分）	20分			
	能准确标出故障点（10分）				
故障排除	拆装设备规范，部件摆放整齐（10分）	50分			
	用正确的方法测量电位（10分）				
	焊接故障元器件规范，并符合要求（10分）				
	测量判断元器件好坏，正确规范（10分）				
	维修后电路工作点电压正常（10分）				
通电试机	设备工作正常，恢复原来功能（10分）	20分			
	按程序交付验收（5分）				
	正确填写维修工作任务单（5分）				
安全文明生产	遵守安全文明生产规程（5分）	10分			
	检修完成后，认真清理现场（5分）				
检修额定用时：______，实际用时：______，超时扣分：______					
合　计					

学习活动4 总结与评价

学习目标

1. 能以个人或小组汇报的形式，学会对本学习任务的学习过程和实训成果进行汇报总结。

2. 能正确填写任务综合能力评价表，完成对学习过程中各项内容的综合评价。

3. 学会检测故障的步骤，能够正确分析故障现象，找到故障点，检测判断元器件的好坏。

4. 学会团队合作，互相讨论学习体会，不断提升综合维修能力。

建议学时

6学时

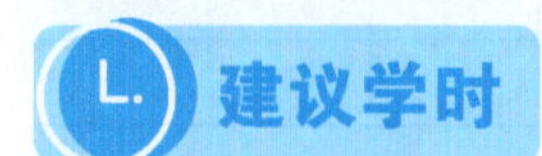

学习过程

一、工作总结

以小组为单位，选择演示文稿、展板、海报、录像等形式中的一种或几种，向全班展示和汇报学习成果，列出人员分工计划及汇报材料清单。

二、综合能力评价

按照“客观、公正和公平”的原则，在教师指导下按自我评价、小组评价和教师评价三种方式对自己或他人在本学习任务中的表现进行综合评价，见表1-19。

表1-19　任务综合能力评价表

评价项目	评价标准	配分	评价分数		
			自我评价	小组评价	教师评价
职业素养（30%）	劳动保护用品穿戴完备，仪容仪表符合工作要求	5分			
	安全意识、责任意识强，服从工作安排	5分			
	积极参加教学活动，按时完成各项学习任务	5分			
	团队合作意识强，善于与他人交流和沟通	5分			
	自觉遵守劳动纪律，尊敬教师，团结同学	5分			
	爱护公物，节约材料，维修现场符合“6S”标准	5分			
专业能力（40%）	专业知识扎实，掌握相关理论知识，有较强的自学能力	10分			
	操作积极、训练刻苦，具有一定的检修能力	10分			
	技能操作规范，注重维修工艺，工作效率高	10分			
	检测故障手段多样，判断故障点准确，会判断元器件好坏	10分			
工作成果（30%）	产品维修符合工艺规范、产品功能满足要求	20分			
	工作总结符合要求、维修成本低、顾客满意度高	10分			
总分		100分			
创新能力	学习过程中提出具有创新性、可行性的建议	加分奖励			
总评	自我评价×20%＋小组评价×20%＋教师评价×60%＝	综合等级	教师（签名）：		
班级	学号	姓名			

注：考核综合等级分为A（90～100分）、B（80～89分）、C（70～79分）、D（60～69分）、E（0～59分）五个等级。

学习任务2

LED灯不亮故障检测与维修

学习目标

完成本学习任务后，学生应当做到：

1. 能通过阅读维修工作任务单，明确维修工作任务要求。
2. 能描述LED灯的结构、功能，会叙述LED灯的工作原理。
3. 能掌握本任务中用到的相关元器件的特点、功能及用途。
4. 能根据任务要求，通过观察故障现象，正确判断故障点产生原因，标出故障点所在位置，会制订合理的工作计划。
5. 会使用焊接工具，完成电子元器件焊接基本技能的训练。
6. 会使用仪器、仪表对相关元器件进行检测，能判断元器件好坏。
7. 能识读电路原理图，会测量电路中主要工作点，并能按照任务要求和相关工艺规范，完成电路故障的排除，通电试验成功。
8. 能在规定时间内完成维修任务，会正确填写维修记录单，整理资料归档。
9. 能按照“6S”管理规定清理检修现场。

建议学时

30学时

工作情境描述

某学校某栋学生宿舍楼道内有若干盏LED灯不亮，需要及时进行维修。现需要派电子技术应用专业学生根据任务要求，到现场取下LED灯，按工艺要求完成电路的故障检测和维修，完成后交给相关人员验收。

工作流程与活动

学习活动1　明确工作任务（4学时）
学习活动2　检修前的准备（8学时）
学习活动3　现场检修（12学时）
学习活动4　总结与评价（6学时）

学习活动 1　明确工作任务

学习目标

1. 能通过阅读维修工作任务单，明确工作内容、环境、工时等要求。
2. 能正确描述 LED 灯故障现象，并准确填写维修工作任务单。
3. 能正确描述维修步骤及工作要点，会填写勘察维修现场记录表。
4. 能根据维修工作任务单的要求和实际勘察的情况，制订合理的工作计划。

建议学时

4 学时

学习过程

一、明确维修工作任务

1）请认真阅读工作情境描述，查阅相关资料，依据故障现象或现场观察，组织语言自行填写表 2-1 所示的维修工作任务单。

表 2-1　维修工作任务单

报修记录					
报修部门	某栋学生宿舍楼 管理办公室	报修人		报修时间	
报修级别	□特急　☑急　□一般		希望完工时间		
故障设备	LED 灯	设备编号		故障时间	
故障现象	LED 灯外观完整，外加 220V 电源，LED 灯也不亮				
维修要求	能使用开关控制，开灯亮，关灯灭，且灯亮无闪烁现象				
维修记录					
接单人及时间			预定完工时间		
派工					
故障原因					
维修类别	□小修		□中修		□大修
维修情况					
维修起止时间			工时总计		
耗材名称	规格	数量	耗材名称	规格	数量
维修人员建议					
验收记录					
验收部门	维修开始时间		完工时间		
	维修结果		验收人：		日期：
设备部门			验收人：		日期：

2）根据工作情境描述，模拟实际场景进行沟通交流，写出本次任务客户需求的要点。

二、调查故障及勘察维修现场

通过现场勘察、咨询，填写勘察维修现场记录表，见表2-2。

表2-2　勘察维修现场记录表

序　号	调查内容	情况记录
1	LED灯的购买时间	
2	使用频次	
3	以前是否出现过故障	
4	日常维修情况	
5	维修时间	
6	本次故障现象（与客户沟通交流获取信息）	
7	是否有人为损坏的情况	
8	勘察时间	
9	勘察地点	
10	备注	

小提示

现场勘察注意事项：

1）对于室外环境的LED灯，高空作业时要注意安全。

2）应在断电情况下拆下LED灯。

3）如果灯座有裸露导线，要注意用绝缘胶布包扎好，以防触电。

学习活动 2　检修前的准备

学习目标

1. 能正确描述本工作任务中的 LED 灯的结构和工作原理。

2. 能正确识读直流稳压电源原理图，分析各元器件的作用，明确相关元器件的图形符号及文字符号。

3. 能根据电路图分析故障产生的原因，判断故障点。

4. 能按工作任务要求，准备必需的元器件和勘察中使用的仪器、仪表、工具。

建议学时

8 学时

学习过程

一、认识 LED 灯的结构

1. LED 灯的结构

一般 LED 灯主要由四部分组成：优质的 LED 芯片，恒流隔离电源，相对灯具功率的合适的散热器，光扩散效果柔和不见点光源的灯罩。

对照 LED 灯的结构，标出图 2-1 所示各部件的名称。

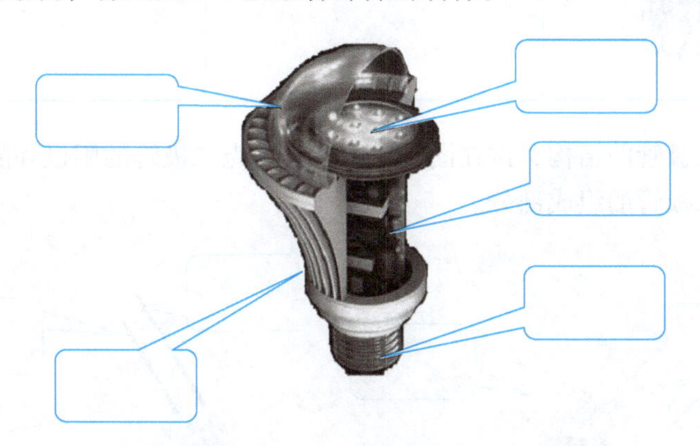

图 2-1　LED 灯外观图

2. 电路中各元器件的功能

表 2-3 中给出的是 LED 灯电路图中用到的各种元器件，查阅相关资料，对照图片写出其名称及符号。

3. 认识发光二极管

半导体发光器件包括发光二极管（Light Emitting Diode，LED）、数码管、符号管、米字管及点阵式显示屏（简称矩阵管）等。事实上，数码管、符号管、米字管及矩阵管中的每个发光单元都是一个发光二极管。

表 2-3　各元器件的名称及符号

序　　号	实 物 照 片	元器件名称	文字符号和图形符号
1			
2			
3			
4			
5			
6			

1）观察发光二极管的结构，试在图 2-2 中标出发光二极管的阳极和阴极。

2）写出发光二极管的组成部分。

图 2-2　发光二极管外观图

3）简述发光二极管的工作原理。

4. 认识整流硅堆

很多电子设备需要使用直流电源，如何将交流电变为直流电呢？这需要通过整流电路来完成，整流电路分为半波整流和全波整流两种，为了提高电路输出效率，一般使用桥式全波整流电路来完成。桥式整流电路由四个二极管组成，为了使用方便，半导体器件厂专门将构成桥式整流电路的四只二极管封装成一个整体的整流硅堆（习惯上也称为硅堆），其外形如图2-3所示。

图2-3　整流硅堆外观图

1）在图2-3中，标注整流硅堆四个引脚的名称。

2）画出整流硅堆内部结构图，对四个整流二极管的接法有什么要求？

3）填写完成图2-4所示直流稳压电源组成框图中的内容。

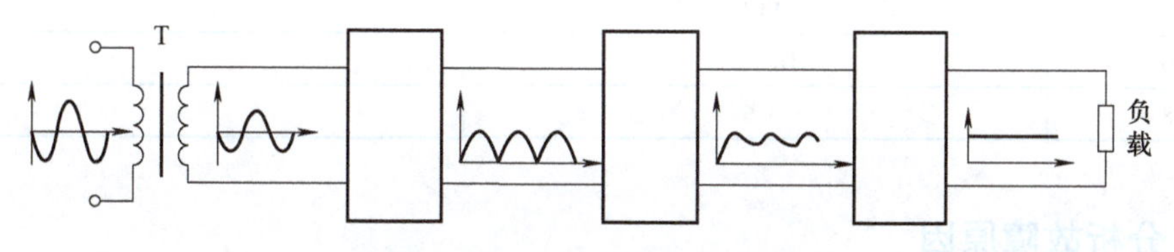

图2-4　直流稳压电源的组成框图

4）试画出桥式整流电路原理图，并简述桥式整流电路的工作原理。

二、认识LED灯电路

1. 识读LED灯电路原理图，在图2-5中分别圈出整流电路、滤波电路及稳压电路。LED灯电路板及WS3442D7P外形图如图2-6所示。

2. 通过听教师讲解和查阅资料，完成表2-4。

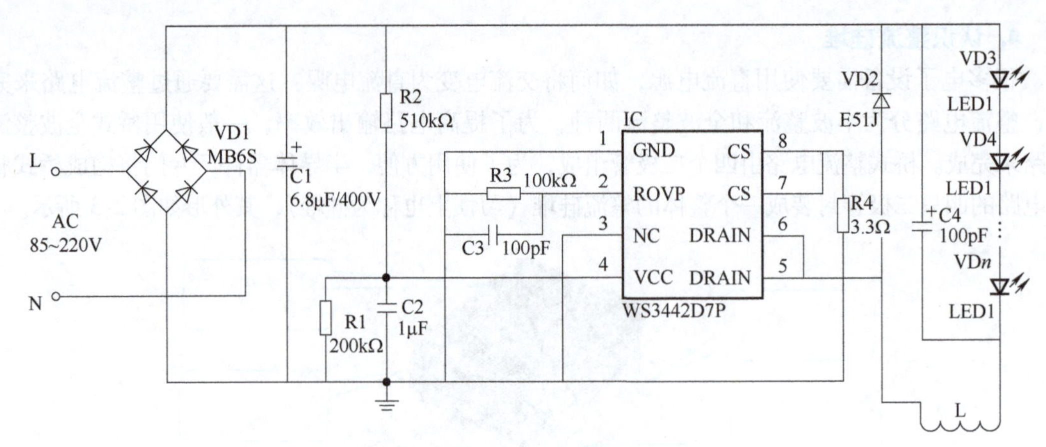

图 2-5　LED 灯电路原理图

图 2-6　LED 灯电路板及 WS3442D7P 外形图

表 2-4　WS3442D7P 各引脚名称及功能

引 脚 号	引 脚 名 称	功 能 描 述
1	GND	
2	ROVP	
3	NC	
4	VCC	
5、6	DRAIN	
7、8	CS	

三、分析故障原因

请根据故障调查内容，对故障可能产生的原因和所涉及的电路区域进行分析并做出初步判断。分析电路原理图，写出故障所在电路的区间。分析过程中，注意查阅相关资料，了解 LED 灯常见的故障现象、原因及检查内容，完成表 2-5。

表 2-5　故障现象、原因及检查内容

序　号	故 障 现 象	故障形成的原因	待检查部位和检查内容

四、制订工作计划

根据工作任务和电路原理图分析，查阅相关资料，结合故障情况，制订表 2-6 所示的维修工作计划。

表 2-6　维修工作计划

"LED 灯不亮故障检测与维修"工作计划

一、人员分工

1. 小组负责人：________________

2. 小组成员及分工

姓　名	分　工

二、工具、仪表及材料清单

序号	工具、仪表或材料名称	单位	数量	备　注

三、工序及工期安排

序号	工 作 内 容	完 成 时 间	备　注

四、安全防护措施

____

____

五、评价

以小组为单位，展示本组制订的工作计划。然后在教师点评基础上对工作计划进行修改完善，并根据表 2-7 中的评分标准进行评分。

表 2-7　测评表

序　号	评 价 内 容	分　值	评　分		
			自我评价	小组评价	教师评价
1	计划制订是否有条理	10 分			
2	计划是否全面、完善	10 分			
3	人员分工是否合理	10 分			
4	任务要求是否明确	20 分			
5	工具清单是否正确、完整	20 分			
6	材料清单是否正确、完整	20 分			
7	团结协作	10 分			
合　计		100 分			

学习活动 3　现场检修

学习目标

1. 能正确使用电烙铁等焊接工具，完成电子元器件的拆卸及焊接训练。
2. 能正确识别电子元器件，根据电路图选用元器件，并用万用表判断好坏。
3. 能根据电路原理图，检测电路可能故障点，测量电路参数，作为判断故障的依据。
4. 能正确使用万用表对维修好电路进行检测，完成通电测试后，交付验收。
5. 检修后能按照“6S”管理规定清理维修现场。

建议学时

12 学时

学习过程

一、LED 灯拆卸

观察 LED 灯的外形结构，使用螺钉旋具等电工工具拆卸电路板，注意记录拆卸的步骤，填写拆卸记录表，见表 2-8。

表 2-8　拆卸记录表

步　骤	部　件	部件作用
1	螺旋灯头	
2	散热片	
3	散光罩	
4	LED 阵列	
5	驱动电路	

二、排除故障

1）元器件好坏检测。

根据前面所学知识，正确检测元器件，并学会正确判断元器件的性能，完成表2-9所示的检测元器件记录表。

表2-9　检测元器件记录表

序号	实物照片	文字符号	检测步骤	检测结果
1				
2				
3				
4				
5				
6				

注意：在使用万用表电阻档测量元器件两引脚电阻时，两只手不能同时触及元器件的两只引脚。

2）分析LED灯电路存在故障，找出故障点，作为检修情况记录，填写到表2-10中。

表2-10 故障检修情况记录表

序号	检修步骤	过程记录
1	观察记录故障现象	
2	分析故障原因，确定故障范围（通电操作，注意观察故障现象，根据故障现象分析故障原因，首先确定在整流滤波还是在其他地方）	
3	依据电路的工作原理和观察到的故障现象，在电路图上进行分析，确定电路的最小故障范围	
4	在故障检查范围中，采用逻辑分析及正确的测量方法，迅速查找故障并排除	
5	通电试机	

3）试机过程中自己或其他同学还遇到了哪些问题？相互交流并分析原因，记录处理方法，填入表2-11中。

表2-11 故障分析及检修记录表

故障现象	故障原因	处理方法

操作提示

1）大概判断故障点位置。先测量桥式整流输出滤波电容上的直流电压（260V左右）是否正常。若电压正常，说明前端整流电路正常，故障点可能出现在发光二极管几个串联回路上；若电压不正常，则故障点在整流电路上。

2）判断发光二极管好坏的方法。可以通过测量正反向电阻来判断，也可以通过外加+3V电压判断。若发光二极管正向加上+3V电压能亮，则表示是好的，逐个对发光二极管进行测试，排除掉烧坏的发光二极管。

三、自检、互检和试机

故障检修完毕后，进行自检、互检，经指导教师同意，在教师的辅助下通电试机，并记录自检和互检的情况，填入表2-12中。

表2-12　故障检修记录表

故障范围是否正确		检查方法是否正确		是否修复故障	
自　检	互　检	自　检	互　检	自　检	互　检

操作提示

1）在测量时应注意万用表的量程选择，否则可能会损坏万用表。

2）在调试过程中，使用万用表电阻档测量LED灯，如果能亮表明LED灯正常，如果LED灯不亮，表明LED灯已烧坏。

3）也可以通过观察法，观察LED灯表面，如果有烧黑痕迹，表明LED灯已烧坏。

四、设备验收

1）在验收阶段，各小组派出代表进行交叉验收，并填写验收过程问题记录表，见表2-13。

表2-13　验收过程问题记录表

验收问题	整改措施	完成时间	备　注

2）将学习活动1中的维修工作任务单填写完整。

五、其他故障分析与练习

1）除了本学习任务中涉及的故障现象外，实际应用中LED灯还可能出现其他各种各样的故障情况。以下是LED灯几种典型的故障现象，查询相关资料，分析故障原因，判断故障范围并简述处理方法。在教师指导下进行实际排故训练，将结果填入表2-14中。

表2-14　故障分析及检修记录表

序　号	故障现象描述	故障范围	故障原因	处理方法
1	LED灯忽亮忽暗，不停地闪动			
2	LED灯亮度不够，偏暗			
3	LED灯在关闭时闪烁			
4	其他故障			

2）故障分析与检修完毕，进行自检和互检，根据测试内容填写表2-15。

表2-15　故障排除确认表

序　号	故障现象	故障范围是否正确		检修方法是否正确		是否修复故障	
		自　检	互　检	自　检	互　检	自　检	互　检
1							
2							
3							
4							
5							
6							
7							
8							
9							
10							

六、评价

以小组为单位，展示本组维修成果。根据表2-16所示的任务测评表进行评分。

表2-16 任务测评表

评分内容		分值	评分		
			自我评分	小组评分	教师评分
故障点分析及判断	能正确分析故障现象，思路清晰（10分）	20分			
	能准确标出故障点（10分）				
故障排除	拆装电子产品规范，部件摆放整齐（10分）	50分			
	用正确的方法测量电路各工作点（10分）				
	焊接故障元器件规范，并符合要求（10分）				
	测量判断元器件好坏，正确规范（10分）				
	维修后电路工作点电路压正常（10分）				
通电调试	电子产品工作正常，恢复原来功能（10分）	20分			
	按程序交付验收（5分）				
	正确填写维修工作任务单（5分）				
安全文明生产	遵守安全文明生产规程（5分）	10分			
	检修完成后，认真清理现场（5分）				
检修额定用时：______，实际用时：______，超时扣分：______					
合　计					

学习活动 4　总结与评价

学习目标

1. 能以个人或小组汇报的形式，学会对本学习任务的学习过程和实训成果进行汇报总结。

2. 能根据完成维修任务的情况，正确填写任务综合能力评价表，完成对学习过程中各项内容的综合评价。

3. 学会团队合作，互相讨论学习体会，不断提升综合维修水平。

6 学时

一、工作总结

以小组为单位，选择演示文稿、展板、海报、录像等形式中的一种或几种，向全班展示和汇报学习成果，列出人员分工计划及汇报材料清单。

二、综合能力评价

按照“客观、公正和公平”原则，在教师指导下按自我评价、小组评价和教师评价三种方式对自己或他人在本学习任务中的表现进行综合评价，见表2-17。

表2-17 任务综合能力评价表

评价项目	评价标准	配分	评价分数		
			自我评价	小组评价	教师评价
职业素养（30%）	劳动保护用品穿戴完备，仪容仪表符合工作要求	5分			
	安全意识、责任意识强，服从工作安排	5分			
	积极参加教学活动，按时完成各项学习任务	5分			
	团队合作意识强，善于与他人交流和沟通	5分			
	自觉遵守劳动纪律，尊敬教师，团结同学	5分			
	爱护公物，节约材料，维修现场符合“6S”标准	5分			
专业能力（40%）	专业知识扎实，掌握相关理论知识，有较强的自学能力	10分			
	操作积极、训练刻苦，具有一定的检修能力	10分			
	技能操作规范，注重维修工艺，工作效率高	10分			
	检测故障手段多样，判断故障点准确，会判断元器件好坏	10分			
工作成果（30%）	产品维修符合工艺规范、产品功能满足要求	20分			
	工作总结符合要求、维修成本低、顾客满意度高	10分			
总分		100分			
创新能力	学习过程中提出具有创新性、可行性的建议	加分奖励			
总评	自我评价×20%＋小组评价×20%＋教师评价×60%＝	综合等级	教师（签名）：		
班级	学号	姓名			

注：考核综合等级分为A（90~100分）、B（80~89分）、C（70~79分）、D（60~69分）、E（0~59分）五个等级。

学习任务3

电子门铃无声音故障检测与维修

学习目标

完成本学习任务后，学生应当做到：

1. 能通过阅读维修工作任务单和观察实物，记录故障现象，明确维修工作任务要求。
2. 能描述电子门铃的结构、功能，会叙述电子门铃的工作原理。
3. 能根据任务要求，列出所需工具、仪表和材料清单并做好准备，会制订合理的工作计划。
4. 会使用电烙铁等焊接工具，完成拆卸或焊接电子元器件，达到原电路的焊接要求。
5. 能使用万用表及其他仪器仪表对电路中相关元器件进行检测，并能判断电子元器件的好坏。
6. 会识读电路原理图，能看懂印制电路板（PCB）元器件布置排列，完成电路的通电测试。
7. 能在规定时间内完成维修任务，会正确填写维修记录单，整理资料存档。
8. 能在任务完成过程中形成“6S”现场管理和安全环保意识，能按照电工作业管理规定清理检修现场。

建议学时

30 学时

工作情境描述

某小区某栋楼内有一家住户的电子门铃无声音，不能正常工作，需要找维修工到现场帮助检修。根据学校的教学安排，现派出电子技术应用专业的学生去检修，按工艺要求完成电路的故障检测和维修，完成后交给用户验收。在工作过程中应严格遵守安全生产管理规定。

工作流程与活动

学习活动1　明确工作任务（4 学时）
学习活动2　检修前的准备（8 学时）
学习活动3　现场检修（12 学时）
学习活动4　总结与评价（6 学时）

学习活动 1　明确工作任务

学习目标

1. 能通过阅读维修工作任务单，明确工作内容及工时等要求。
2. 能正确描述电子门铃的故障现象，勘查现场，正确填写勘察情况表。
3. 能根据电子门铃的故障现象及用户反映的情况，制订维修工作任务单。

建议学时

4 学时

学习过程

一、明确维修工作任务

1）请认真阅读工作情境描述，查阅相关资料，依据故障现象或现场观察，组织语言自行填写表 3-1 所示的维修工作任务单。

表 3-1　维修工作任务单

报修记录					
报修部门	某小区物业管理部	报修人		报修时间	
报修级别	□特急　☑急　□一般		希望完工时间		
故障设备	B04 型电子门铃	设备编号		故障时间	
故障现象	电子门铃外观完整，按下室外开关，室内无音乐声音				
维修要求	维修后实现：按下室外开关，室内电子门铃发出音乐声音				
维修记录					
接单人及时间		预定完工时间			
派工					
故障原因					
维修类别	□小修　□中修　□大修				
维修情况					
维修起止时间		工时总计			
耗材名称	规格	数量	耗材名称	规格	数量
维修人员建议					
验收记录					
验收部门	维修开始时间		完工时间		
	维修结果		验收人：	日期：	
设备部门		验收人：	日期：		

2）根据工作情境描述，模拟实际场景进行沟通交流，写出本次任务用户需求的要点。

二、调查故障及勘察维修现场

通过维修现场勘察、咨询，填写勘察维修现场记录表，见表3-2。

表3-2　勘察维修现场记录表

序　号	调 查 内 容	情 况 记 录
1	电子门铃的购买时间	
2	使用频次	
3	以前是否出现过故障	
4	日常维修情况	
5	维修时间	
6	本次故障现象（与客户沟通交流获取信息）	
7	是否电池没电	
8	勘察时间	
9	勘察地点	
10	备注	

小提示

现场勘察注意事项：

1）由于电子门铃一般是在住户或办公场所，进入住户时要注意卫生，征求用户是否要换鞋。

2）要做到门外部分和门内部分分开检查，先判断门外开关是否有问题，再检查门内声音电路。

3）检查发声电路时，先检查电池电压，再检查扬声器，最后检查电路板。

学习活动 2　检修前的准备

学习目标

1. 通过认识 NE555 集成电路、晶体管、扬声器等元器件的基本功能，学会分析电路工作原理，为检修打下基础。

2. 能根据电路原理图、PCB 图及其他技术资料，学会分析产生故障的原因，并准确判断故障点的位置。

3. 能使用万用表等仪器仪表，正确检测 NE555 集成电路芯片等电子元器件的性能，为维修中代换元器件提供依据。

4. 能根据任务要求和勘查现场情况，制定合理的电子门铃维修步骤。

建议学时

8 学时

学习过程

一、认识电子门铃

1. 电子门铃的结构

电子门铃外形和元器件图如图 3-1 所示。在图 3-2 中标出各元器件的名称。

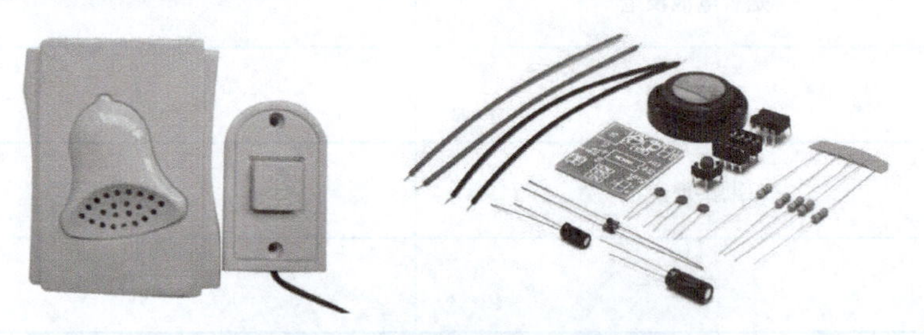

图 3-1　电子门铃外形和元器件图

图 3-2　电子门铃的电路板

2. 认识元器件

表3-3给出了电子门铃电路中各种元器件，查阅相关资料，对照图片写出其名称及符号。

表3-3　各元器件的名称及符号

实物照片	元器件名称	文字符号和图形符号

3. 认识NE555芯片

NE555芯片内部包括两个电压比较器、三个等值串联电阻、一个RS触发器、一个放电管VT及功率输出电路。它提供两个基准电压$V_{CC}/3$和$2V_{CC}/3$。NE555的功能主要由两个比较器决定。两个比较器的输出电压控制RS触发器和放电管的状态。

1）在图3-3a所示的NE555P外形图上标出第1脚和第8脚的位置，在图3-3b所示的内部结构框图中标出元器件的名称。

2）上网查资料：查找NE555P芯片的引脚，在表3-4中填写各引脚的功能。

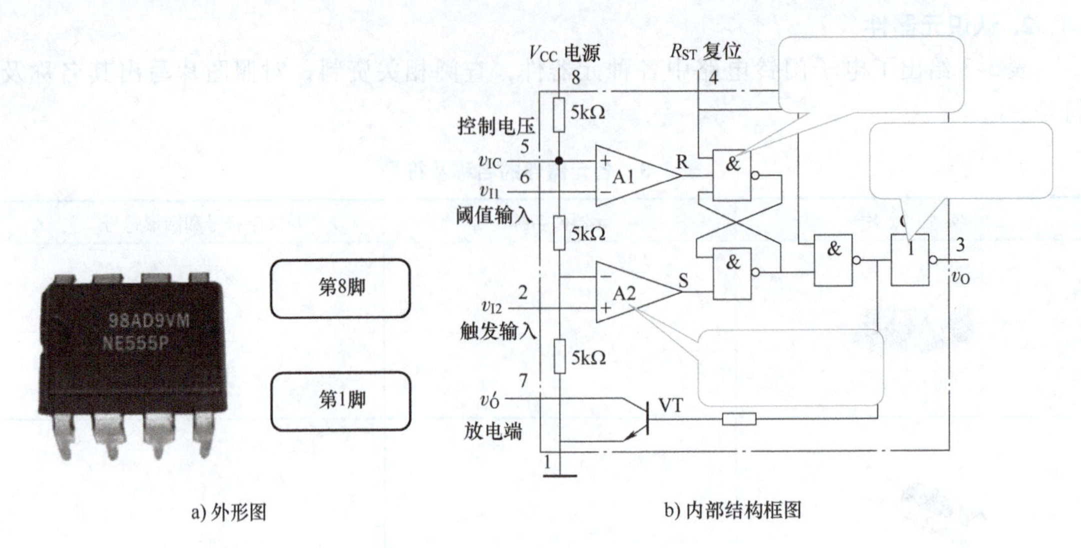

a) 外形图　　b) 内部结构框图

图 3-3　NE555P 外形图和内部结构框图

表 3-4　NE555P 芯片引脚功能

引　脚　号	名　　称	功　　能
1	GND（地）	
2	TRIG（触发）	
3	OUT（输出端）	
4	RST（复位）	
5	CTRL（控制）	
6	THR（阈值）	
7	DIS（放电）	
8	VCC（供电）	

二、识读电子门铃电路原理图

1. 电子门铃电路原理图

图 3-4 所示是一种能发出“叮咚”声的电子门铃电路原理图。它主要由一块 NE555P 集成电路和外围元器件组成。它的音质优美逼真，装调简单容易，成本较低，一节 6V 电池可用三个月以上，耗电量较低。

1）根据电子门铃电路原理图，在原理图上标出扬声器、按钮、二极管 3 个元器件。

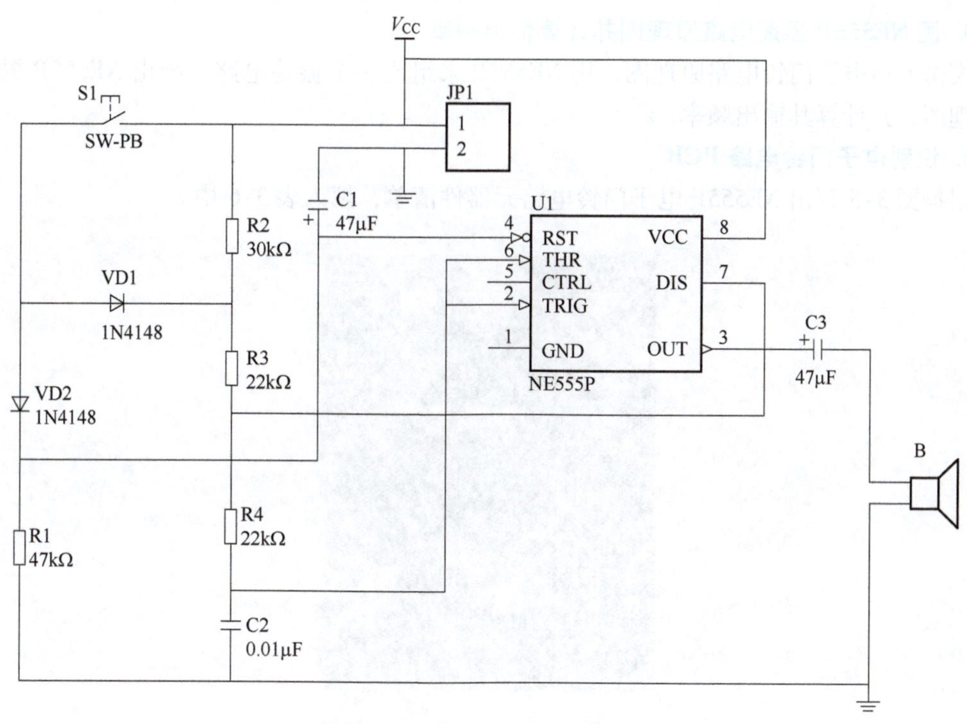

图 3-4　电子门铃电路原理图

2）在原理图中圈出组成振荡电路的元器件，改变哪个元器件可以改变电路中的频率。

3）根据图 3-4 所示原理图，试述电子门铃电路的工作原理。

2. NE555P 芯片的工作状态

根据电路工作原理，填写 NE555P 芯片在电子门铃电路中的工作状态，见表 3-5。

表 3-5　NE555P 芯片工作状态表

输　入			输　出	
阈值输入（v_{I1}）	触发输入（v_{I2}）	复位（R_{ST}）	输出（v_O）	放电管 VT
×	×	0		
$<\frac{2}{3}V_{CC}$	$<\frac{1}{3}V_{CC}$	1		
$>\frac{2}{3}V_{CC}$	$>\frac{1}{3}V_{CC}$	1		
$<\frac{2}{3}V_{CC}$	$>\frac{1}{3}V_{CC}$	1		

3. 画 NE555P 振荡电路原理图并计算输出频率

模仿上述电子门铃电路原理图，用 NE555P 来组成一个振荡电路，画出 NE555P 振荡电路原理图，并计算其输出频率。

4. 识别电子门铃电路 PCB

根据图 3-5 列出 NE555P 电子门铃电路元器件清单，填入表 3-6 中。

图 3-5　电子门铃电路

表 3-6　NE555P 电子门铃电路元器件清单

序　号	器材名称	型　号	单　位	数　量	备　注
1					
2					
3					
4					
5					
6					
7					
8					
9					
10					

三、初步分析故障原因

1）请根据故障调查内容，对故障可能的原因和所涉及的电路区域进行分析并做出初步判断。

2）根据学习活动1中了解到的故障现象，查阅相关资料，学习故障检修的分析案例，掌握故障分析的过程和方法；结合案例分析本任务故障可能存在的原因，记下应进一步检查的部位，填入表3-7中，为制订检修计划和排除故障做好准备。

表3-7　故障现象、原因及检查内容

序　号	故障现象	故障形成的原因	待检查部位和检查内容

四、制订工作计划

根据工作任务和电路原理图分析，查阅相关资料，结合故障情况，制订表3-8所示的维修工作计划。

表3-8 维修工作计划

"电子门铃无声音故障检测与维修"工作计划

一、人员分工

1. 小组负责人：________________

2. 小组成员及分工

姓　名	分　工

二、工具、仪表及材料清单

序号	工具、仪表或材料名称	单位	数量	备　注

三、工序及工期安排

序号	工作内容	完成时间	备　注

四、安全防护措施

____

____

五、评价

以小组为单位，展示本组制订的工作计划。然后在教师点评基础上对工作计划进行修改完善，并根据表3-9中的评分标准进行评分。

表3-9　测评表

序号	评价内容	分值	评分		
			自我评价	小组评价	教师评价
1	计划制订是否有条理	10分			
2	计划是否全面、完善	10分			
3	人员分工是否合理	10分			
4	任务要求是否明确	10分			
5	电路组成和原理分析是否正确	20分			
6	工具清单是否正确、完整	20分			
7	材料清单是否正确、完整	10分			
8	团结协作	10分			
合计		100分			

学习活动3 现场检修

学习目标

1. 能正确判断电子门铃故障，正确填写维修记录登记表。
2. 会正确选用维修工具，并能对电路进行必要的检查。
3. 能根据电路原理图，按照维修流程对电路检测并做详细记录。
4. 能正确使用焊接工具拆卸电子元器件，更换元器件后，保证电路参数正确；完成通电试机，交付验收。
5. 施工后能按照“6S”管理规定清理检修现场。

建议学时

12 学时

学习过程

一、电子门铃的拆卸

观察电子门铃的外形结构，使用螺钉旋具等电工工具拆卸电路板，注意记录拆卸的步骤，填写拆卸记录表，见表3-10。

表 3-10 拆卸记录表

步 骤	部 件	部件作用
1	电池	
2	扬声器	
3	NE555P 芯片	
4	按钮	
5	电路板	

二、故障排除

1）检测元器件好坏。

对照电路板，查阅相关材料，完成表3-11所示的检测元器件记录表。

表3-11　检测元器件记录表

序号	实物照片	文字符号	检测步骤	检测结果
1				
2				
3				
4				
5				
6				

注意：在使用万用表电阻档测量元器件两引脚电阻时，两只手不能同时触及元器件的两只引脚。

2）根据上一活动中的初步判断，采用适当的检查方法找出故障点并排除。在排除故障过程中，填写表3-12。

表3-12　测试记录表

步骤	测试内容	测试结果	结论和下一步措施

注意：应严格执行安全操作规范，文明作业、安全作业。

3）对电子门铃电路的故障，进行分析并找出故障点，把过程记入表3-13中。

表3-13　故障检修情况记录表

序　号	检修步骤	过程记录
1	观察记录故障现象	
2	分析故障原因，确定故障范围（通电操作，注意观察故障现象，根据故障现象分析故障原因）	
3	依据电路的工作原理和观察到的故障现象，在电路图上进行分析，确定电路的最小故障范围	
4	在故障检查范围中，采用逻辑分析及正确的测量方法，迅速查找故障并排除	
5	通电试机	

4）试机过程中自己或其他同学还遇到了哪些问题，相互交流并分析原因，记录处理方法，填入表3-14中。

表3-14　故障分析及检修记录表

故障现象	故障原因	处理方法

操作提示

1）判断NE555P芯片的好坏，最好使用替换法：如果用一块正常的NE555P芯片替换原来的芯片，故障现象一样，则表明原来的NE555P芯片没有损坏。

2）检修的第一步是先检查6V电池是否正常？一般情况下，电池大约只能使用1年。电池电压不足也是电子门铃电路常见的故障之一。

三、自检、互检和试机

故障检修完毕后，进行自检、互检，经指导教师同意，在教师的辅助下通电试机，并记录自检和互检的情况，填入表3-15中。

表3-15　故障检修记录表

故障范围是否正确		检查方法是否正确		是否修复故障	
自　检	互　检	自　检	互　检	自　检	互　检

四、设备验收

1）在验收阶段，各小组派出代表进行交叉验收，并填写表3-16所示的验收过程问题记录表。

表3-16　验收过程问题记录表

验收问题	整改措施	完成时间	备　注

2）将学习活动1中的维修工作任务单填写完整。

五、其他故障分析与练习

1）除了本学习任务涉及故障现象外，实际应用中，电子门铃还可能出现其他各式各样的故障情况。以下是电子门铃几种典型故障现象，查询相关资料，分析故障原因，判断故障范围并简述处理方法。在教师指导下进行实际排故训练，将结果填入表3-17中。

表3-17　故障分析及检修记录表

序　号	故障现象描述	故障范围	分析原因	处理方法
1	门铃声音小			
2	门铃一直在响			
3	门铃声音变调			
4	其他故障			

2）故障分析与检修完毕，进行自检和互检，根据测试内容填写表3-18。

表3-18 故障排除确认表

序号	故障现象	故障范围是否正确		检修方法是否正确		是否修复故障	
		自检	互检	自检	互检	自检	互检
1							
2							
3							
4							
5							
6							
7							
8							
9							
10							

六、评价

以小组为单位，展示本组维修成果。根据表3-19所示的任务测评表进行评分。

表3-19 任务测评表

评分内容		分值	评分		
			自我评分	小组评分	教师评分
故障点分析及判断	能正确分析故障现象，思路清晰（10分）	20分			
	能准确标出故障点（10分）				
故障排除	拆装设备规范，部件摆放整齐（10分）	50分			
	用正确的方法测量电位（10分）				
	焊接故障元器件规范，并符合要求（10分）				
	测量判断元器件好坏正确规范（10分）				
	电路工作点电压正常（10分）				
通电试机	设备工作正常，恢复原来功能（10分）	20分			
	按程序交付验收（5分）				
	正确填写维修工作任务单（5分）				
安全文明生产	遵守安全文明生产规程（5分）	10分			
	检修完成后，认真清理现场（5分）				
检修额定用时：______，实际用时：______，超时扣分：______					
合计					

学习活动 4　总结与评价

学习目标

1. 能以分组形式，学会对本学习任务的学习过程和维修成果进行汇报总结。
2. 能正确填写任务综合能力评价表，完成对学习过程中各项内容的综合评价。
3. 能正确分析故障现象，找到故障点并检测判断元器件的好坏。
4. 学会团队合作，互相讨论学习体会，不断提升综合维修能力。

建议学时

6 学时

学习过程

一、工作总结

以小组为单位，选择演示文稿、展板、海报、录像等形式中的一种或几种，向全班展示和汇报学习成果，制订学习成果汇报计划，完成汇报材料。

二、综合能力评价

按照“客观、公正和公平”原则，在教师指导下按自我评价、小组评价和教师评价三种方式对自己或他人在本学习任务中的表现进行综合评价，见表3-20。

表3-20 任务综合能力评价表

评价项目	评价标准	配分	评价分数		
			自我评价	小组评价	教师评价
职业素养（30%）	劳动保护用品穿戴完备，仪容仪表符合工作要求	5分			
	安全意识、责任意识强，服从工作安排	5分			
	积极参加教学活动，按时完成各项学习任务	5分			
	团队合作意识强，善于与他人交流和沟通	5分			
	自觉遵守劳动纪律，尊敬教师，团结同学	5分			
	爱护公物，节约材料，维修现场符合“6S”标准	5分			
专业能力（40%）	专业知识扎实，掌握相关理论知识，有较强的自学能力	10分			
	操作积极、训练刻苦，具有一定的检修能力	10分			
	技能操作规范，注重维修工艺，工作效率高	10分			
	检测故障手段多样，判断故障点准确，会判断元器件好坏	10分			
工作成果（30%）	产品维修符合工艺规范、产品功能满足要求	20分			
	工作总结符合要求、维修成本低、顾客满意度高	10分			
总分		100分			
创新能力	学习过程中提出具有创新性、可行性的建议	加分奖励			
总评	自我评价×20%+小组评价×20%+教师评价×60%=	综合等级	教师（签名）：		
班级	学号	姓名			

注：考核综合等级分为A（90~100分）、B（80~89分）、C（70~79分）、D（60~69分）、E（0~59分）五个等级。

学习任务 4

声控 LED 旋律灯闪烁故障检测与维修

学习目标

完成本学习任务后，学生应当做到：

1. 能通过阅读电子产品维修工作任务单和观察实物，记录故障现象，明确维修工作任务要求。
2. 掌握常见电子设备故障的检修过程、检修原则、检修思路及常用的检修方法，完成故障电路的检修。
3. 会描述声控 LED 旋律灯的结构、功能，以及声控 LED 旋律灯的工作原理；掌握相关元器件的特点、功能。
4. 能根据任务要求，列出所需工具、仪表和材料清单并做好准备，会制订合理的工作计划。
5. 能根据故障现象判断故障点，并按照任务要求和相关工艺，完成电路的各工作点的测试，并对电路进行通电测试。
6. 能在规定时间内完成维修任务，会正确填写维修记录单，整理资料存档。
7. 能根据电工作业规程，在任务完毕后按照“6S”管理规定清理检修现场。

建议学时

30 学时

工作情境描述

某公司售后部接到客户电话，要求在规定时间内完成现场声控 LED 旋律灯闪烁故障的检修。维修人员接到业务主管的任务单后，赶往现场，通过观察故障现象，进行故障检测与分析、判定发生故障的部位，采用合适的方法进行维修。工作过程中应严格遵守安全生产管理规定，完成后交付业务主管验收。

工作流程与活动

学习活动 1　明确工作任务（4 学时）
学习活动 2　检修前的准备（8 学时）
学习活动 3　现场检修（12 学时）
学习活动 4　总结与评价（6 学时）

学习活动 1　明确工作任务

学习目标

1. 能通过阅读维修工作任务单，明确工作内容、工时、维修任务等要求。
2. 能通过对电子产品进行现场测试及与用户进行有效沟通，明确故障现象并做好记录。

建议学时

4 学时

学习过程

一、明确维修工作任务

1）请认真阅读工作情境描述，查阅相关资料，依据故障现象或现场观察，组织语言自行填写表 4-1 所示的维修工作任务单。

表 4-1　维修工作任务单

报修记录						
报修部门	某公司设备管理部	报修人			报修时间	
报修级别	□特急　☑急　□一般		希望完工时间			
故障设备	声控 LED 旋律灯	设备编号			故障时间	
故障现象	声控 LED 旋律灯能亮，但不随音乐强度变化					
维修要求	排除常亮的故障，使声控 LED 旋律灯的亮度随音乐强弱变化					
维修记录						
接单人及时间			预定完工时间			
派工						
故障现象						
故障原因						
维修类别	□小修　□中修　□大修					
维修情况						
维修起止时间		工时总计				
元器件更换情况	元器件编码	元器件名称	单位	数量	金额	备注
维修人员建议						
验收记录						
验收部门	维修开始时间		完工时间			
	维修结果		验收人：		日期：	
设备部门			验收人：		日期：	

2）根据工作情境描述，模拟实际场景，与客户进行沟通交流，写出本次任务客户需求的要点。

二、调查故障及勘察维修现场

通过现场勘察、咨询，填写勘察维修现场记录表，见表4-2。

表4-2　勘察维修现场记录表

序　号	调查内容	情况记录
1	声控LED旋律灯的购买时间	
2	使用频次	
3	以前出现的故障	
4	维修情况	
5	维修时间	
6	本次故障现象（与客户沟通交流获取信息）	
7	勘察时间	
8	勘察地点	
9	备注	

小提示

现场勘察注意事项：

1）声控LED旋律灯一般对环境有要求，在歌舞厅等公共场所使用，要注意电源功率的要求，先判断是外接电源故障，还要旋律灯本身的故障。

2）检修时注意观察声控LED旋律灯的亮度，完全不亮，还是有一点亮度，从而判断是声控LED旋律灯坏了，还是电路中存在故障。

3）注意驻极体传声器有正负之分，与铝壳相连的一端为负端。检测驻极体传声器时，用万用表“$R\times100$”或“$R\times1\text{k}$”电阻档，分别测量电阻值，结果应该是一大一小。

学习活动 2　检修前的准备

学习目标

1. 能描述声控 LED 旋律灯各元器件所在的位置及其作用。

2. 能正确识读电路原理图，明确相关元器件的图形符号、文字符号，分析电路的工作原理。

3. 能根据电路原理图及技术资料，选择合适的检修方法。

4. 能根据任务要求和实际情况，制订电子产品维修工作计划。

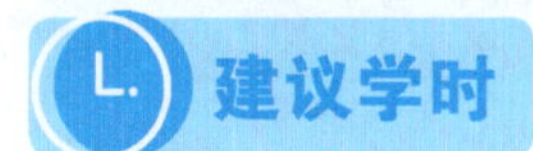

建议学时

8 学时

学习过程

一、认识声控 LED 旋律灯

1）声控 LED 旋律灯主要应用于日常的休闲娱乐场所，请根据声控 LED 旋律灯的用途，结合实地观察、教师讲解和资料查询，写出声控 LED 旋律灯（见图 4-1）各主要部件的名称并简要描述其产生闪烁的原理。

图 4-1　声控 LED 旋律灯外观图

2）传声器如图 4-2 所示，它是声控 LED 旋律灯的核心器件，通过查阅相关资料，对照图片分析其电路符号、对外连接方式分类、组成结构、作用以及工作原理。

a）传声器元件符号：________________。

b）对外连接方式分类：________________________________。

c）填写传声器的结构及作用，见表 4-3。

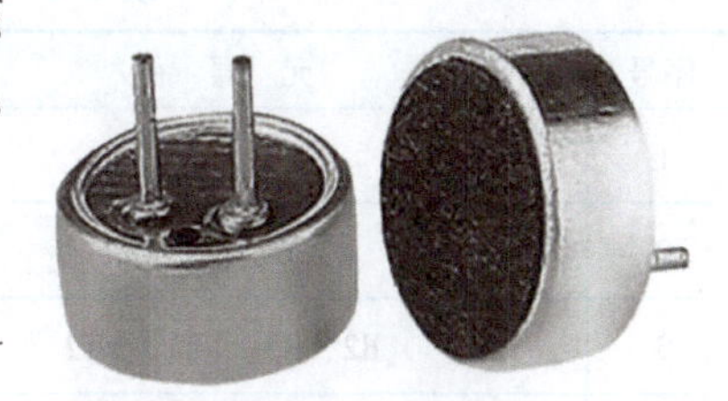

图 4-2　传声器

表 4-3 传声器的结构及作用

结构名称	作用
防尘网	
外壳	
振膜	
垫片	
PCB 组件	
引脚	

d）简述传声器的工作原理。

二、识读声控 LED 旋律灯电路原理图

声控 LED 旋律灯电路原理如图 4-3 所示。

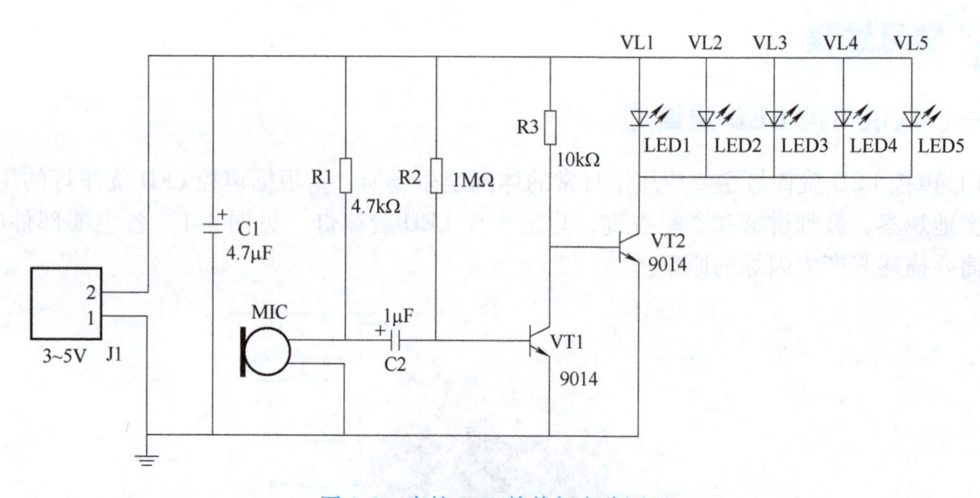

图 4-3 声控 LED 旋律灯电路原理

1）识读声控 LED 旋律灯电路原理图，在图中分别圈出电源驱动电路、声音信号检测电路、信号放大电路以及 LED 显示电路。

2）通过听教师讲解和查阅资料，完成表 4-4。

表 4-4 电路中各元器件的作用及质量判别

序号	元器件	作用	元器件好坏判别
1	J1、C1		
2	MIC、R1、C2		
3	R2、R3、VT1、VT2		
4	VL1、VL2、VL3、VL4、VL5		

3）分析声控LED旋律灯的工作原理，简要描述它的控制功能。

4）本电源驱动电路采用的是什么类型的滤波？画出滤波之后的波形图。

5）请画出声音检测电路电压、电流信号的输入、输出波形图（U_o、U_i、I_o、I_i）。

6）晶体管VT1、VT2在电路中分别工作在什么状态？

三、电子电路检修步骤

通过听教师讲解和自己查阅资料，填写完成表4-5。

表4-5　电子电路检修步骤表

序号	步骤名称	电子电路检修方法	操作注意事项
1	拆卸设备，直观故障分析	直观法	1. 尽量掌握必要的技术资料：使用说明书，电路原理图等，了解其工作原理、技术指标、电气性能、电路数据、使用及检查方法等。有该设备的历史档案、维修记录则更好，可充分借鉴，极大减轻维修人员的工作强度，增强检修目的性，加快检修进度 2. 要掌握一定的机械知识，仔细拆卸，特别是一些进口的仪器设备，安装有其特殊性，必要时把拆卸过程画下来，以便复原，不要野蛮拆卸，最后无法恢复到原状 3. 把故障板或组件完整拆下，先做清洁处理，用工业酒精清洗损坏的故障面，印制电路板上的烧焦部位清除，去除污迹、油腻和灰尘
2	初步检查，确定故障范围	电阻法	
3	查找资料，分析故障原因	电压法、电流法、示波器法	
4	缩小区域，确定故障位置（损坏元器件）	分割法	
5	排除故障，检验修复电路（更换元器件）	代换实验法	
6	带载监测运行，重装复原	信号注入法	

四、故障分析

请根据故障调查内容，对故障的可能原因和所涉及的电路区域进行分析并做出初步判断。分析电路原理图，写出故障所在电路的区间。分析过程中注意查阅相关资料，了解声控LED旋律灯常见的闪烁故障现象、原因及检修方法。

五、制订工作计划

查阅相关资料，了解任务实施的基本步骤，结合实际情况，制订表4-6所示的维修工作计划。

表4-6　维修工作计划

“声控LED旋律灯闪烁故障检测与维修”工作计划

一、人员分工

1. 小组负责人：

2. 小组成员及分工

姓　名	分　工

二、工具、仪表及材料清单

序号	工具、仪表或材料名称	单位	数量	备　注

三、工序及工期安排

序号	工 作 内 容	完 成 时 间	备　注

四、安全防护措施

六、评价

以小组为单位，展示本组制订的工作计划。然后在教师点评基础上对工作计划进行修改完善，并根据表 4-7 中的评分标准进行评分。

表 4-7　测评表

序号	评价内容	分值	评分		
			自我评价	小组评价	教师评价
1	计划制订是否有条理	10 分			
2	计划是否全面、完善	10 分			
3	人员分工是否合理	10 分			
4	任务要求是否明确	20 分			
5	工具清单是否正确、完整	20 分			
6	材料清单是否正确、完整	20 分			
7	团结协作	10 分			
合计		100 分			

学习活动 3 现场检修

学习目标

1. 能采用适当的方法查找故障点并排除故障。
2. 能正确使用万用表、示波器等电子仪器进行电路检测，完成通电试机，并交付验收。
3. 能正确填写维修记录。

12 学时

一、检测、排除电路故障

根据上一活动中的初步判断，采用适当的检查方法，找出故障点并排除。在排除故障过程中填写表 4-8。

表 4-8 测试记录表

步骤	测试内容	测试结果	结论和下一步措施

二、自检、互检和试机

故障检修完毕后，进行自检、互检，经指导教师同意后通电试机，并记录自检和互检的情况，填写表 4-9。

表4-9　故障检修记录表

故障范围是否正确		检查方法是否正确		是否修复故障	
自　检	互　检	自　检	互　检	自　检	互　检

三、设备验收

1）在验收阶段，各小组派出代表进行交叉验收，并填写验收过程问题记录表，见表4-10。

表4-10　验收过程问题记录表

验收问题	整改措施	完成时间	备　注

2）将学习活动1中的工作任务单填写完整。

四、其他故障分析与练习

1）除了本学习任务涉及的故障现象外，实际应用中声控LED旋律灯还可能出现其他各种各样的故障。以下是声控LED旋律灯几种典型的闪烁故障现象，查询相关资料，分析故障原因，判断故障范围并简述处理方法。在教师指导下进行实际排故训练，将结果填入表4-11中。

表4-11　故障分析及检修记录表

序　号	故障现象描述	故障范围	分析原因	处理方法
1	声控LED旋律灯长亮不熄			
2	声控LED旋律灯一直不亮			
3	声控LED旋律灯点亮时间太短			
4	需要很响的声音才能使声控LED旋律灯点亮			
5	其他故障			

2）故障分析与检修完毕，进行自检和互检，根据测试内容填写表4-12。

表4-12　故障排除确认表

序号	故障现象	故障范围是否正确		检修方法是否正确		是否修复故障	
		自检	互检	自检	互检	自检	互检
1							
2							
3							
4							
5							
6							
7							
8							
9							
10							

五、评价

以小组为单位，展示本组检修成果。根据表4-13所示的任务测评表进行评分。

表4-13　任务测评表

评分内容		分值	评分		
			自我评分	小组评分	教师评分
故障分析	故障分析思路清晰（10分）	20分			
	准确标出最小故障范围（10分）				
故障排除	用正确的方法排除故障点（20分）	50分			
	检修中不扩大故障范围或产生新的故障，一旦发生，能及时自行修复（20分）				
	工具、设备无损伤（10分）				
通电调试	设备正常运转无故障（10分）	20分			
	故障未排除的，及时独立发现问题并解决（10分）				
安全文明生产	遵守安全文明生产规程（5分）	10分			
	检修完成后，认真清理现场（5分）				
检修额定用时：______，实际用时：______，超时扣分：______					
合计					

学习活动 4　总结与评价

学习目标

1. 能以小组形式，学会对本学习任务的学习过程和实训成果进行汇报总结。
2. 能正确填写任务综合能力评价表，完成对学习过程中各项内容的综合评价。
3. 根据检测故障的步骤，能够正确分析故障现象，找到故障点，检测判断元器件的好坏。
4. 学会团队合作，互相讨论学习体会，不断提升综合维修能力。

建议学时

6 学时

学习过程

一、工作总结

以小组为单位，选择演示文稿、展板、海报、录像等形式中的一种或几种，向全班展示和汇报学习成果，制订学习成果汇报计划。

二、综合能力评价

按照“客观、公正和公平”原则，在教师指导下按自我评价、小组评价和教师评价三种方式对自己或他人在本学习任务中的表现进行综合评价，见表4-14。

表4-14　任务综合能力评价表

评价项目	评价标准	配分	评价分数		
			自我评价	小组评价	教师评价
职业素养（30%）	劳动保护用品穿戴完备，仪容仪表符合工作要求	5分			
	安全意识、责任意识强，服从工作安排	5分			
	积极参加教学活动，按时完成各项学习任务	5分			
	团队合作意识强，善于与他人交流和沟通	5分			
	自觉遵守劳动纪律，尊敬教师，团结同学	5分			
	爱护公物，节约材料，维修现场符合“6S”标准	5分			
专业能力（40%）	专业知识扎实，掌握相关理论知识，有较强的自学能力	10分			
	操作积极、训练刻苦，具有一定的检修能力	10分			
	技能操作规范，注重维修工艺，工作效率高	10分			
	检测故障手段多样，判断故障点准确，会判断元器件好坏	10分			
工作成果（30%）	产品维修符合工艺规范、产品功能满足要求	20分			
	工作总结符合要求、维修成本低、顾客满意度高	10分			
总分		100分			
创新能力	学习过程中提出具有创新性、可行性的建议	加分奖励			
总评	自我评价×20%＋小组评价×20%＋教师评价×60%＝	综合等级	教师（签名）：		
班级	学号		姓名		

注：考核综合等级分为A（90～100分）、B（80～89分）、C（70～79分）、D（60～69分）、E（0～59分）五个等级。

学习任务 5

饮水机加热异常故障检测与维修

学习目标

完成本学习任务后，学生应当做到：

1. 能通过阅读维修工作任务单和观察实物，记录故障现象，明确维修工作任务要求。
2. 掌握常见电子设备故障的检修过程、检修原则、检修思路及常用的检修方法，完成电路的故障检修。
3. 会描述饮水机的结构、功能，以及饮水机的工作原理，并能描述相关元器件的特点、功能。
4. 能根据任务要求，列出所需工具、仪表和材料清单并做好准备，会制订合理的工作计划。
5. 能根据故障现象判断故障点，并按照任务要求和相关工艺的要求，完成电路的各工作点的测试，会对电路进行通电调试。
6. 能在规定时间内完成维修任务，会正确填写维修记录单，整理资料归档。
7. 能按照“6S”管理规定清理检修现场。

建议学时

30 学时

工作情境描述

某企业售后服务部门有 5 台饮水机出现不能加热的故障，要求在规定时间内完成检修。维修人员接到业务主管的任务单后，通过观察故障现象，进行故障检测与分析、判定发生故障的部位，采用合适的方法进行维修。工作过程中应严格遵守安全生产管理规定，完成后交付业务主管验收。

工作流程与活动

学习活动 1　明确工作任务（4 学时）
学习活动 2　检修前的准备（8 学时）
学习活动 3　现场检修（12 学时）
学习活动 4　总结与评价（6 学时）

学习活动 1　明确工作任务

学习目标

1. 能通过阅读维修工作任务单，明确工作内容、工时、维修任务等要求。
2. 能通过对电子产品进行现场测试及与用户进行有效沟通，明确故障现象并做好记录。

建议学时

4 学时

学习过程

一、明确维修工作任务

1）请认真阅读工作情境描述，查阅相关资料，依据故障现象或现场观察，组织语言自行填写表 5-1 所示的维修工作任务单。

表 5-1　维修工作任务单

报修记录						
报修部门	某企业售后服务部	报修人		报修时间		
报修级别	□特急　☑急　□一般		希望完工时间			
故障设备	饮水机	设备编号		故障时间		
故障现象	饮水机加电指示灯亮，但不能制热，无热水输出					
维修要求	具有自动加热功能，水温控制在 85 ~95℃					
维修记录						
接单人及时间			预定完工时间			
派工						
故障现象						
故障原因						
维修类别	□小修　□中修　□大修					
维修情况						
维修起止时间			工时总计			
元器件更换情况	元器件编码	元器件名称	单位	数量	金额	备注
维修人员建议						
验收记录						
验收部门	维修开始时间		完工时间			
	维修结果		验收人：		日期：	
设备部门			验收人：		日期：	

2）根据工作情境描述，模拟实际场景，与客户进行沟通交流，写出本次任务客户需求的要点。

二、调查故障及勘察维修现场

通过现场勘察、咨询，填写勘察维修现场记录表，见表5-2。

表5-2　勘察维修现场记录表

序　号	调查项目	项目内容
1	饮水机的购买时间	
2	使用频次	
3	以前出现的故障	
4	维修情况	
5	维修时间	
6	本次故障现象（与客户沟通交流获取信息）	
7	勘察时间	
8	勘察地点	
9	备注	

小提示

现场勘察注意事项：

1）由于饮水机出故障时，水箱也会剩余部分水，搬动或取下水箱时注意不要将水洒到地面上。

2）要通电加热时，通过开热水阀，确定有水流出，要保证内部水胆有水再上电加热，防止干烧。

3）检查饮水机不加热的故障，重点判断是加热器烧坏了，还是温控开关损坏。先用万用表“$R\times1$”电阻档，测量加热器电阻，正常时主加热器电阻为100Ω左右，保温加热器电阻为650Ω左右，视功率不同，加热电阻会有所不同。

学习活动2　检修前的准备

学习目标

1. 能描述饮水机各组成部分的作用、特殊元器件的位置和作用。

2. 能正确识读电气原理图，明确相关元器件的图形符号、文字符号，会分析电路的工作原理。

3. 能根据电路原理图及其他技术资料，选择合适的检修方法。

4. 能根据任务要求和实际情况，制订本任务维修工作计划。

建议学时

8学时

学习过程

一、认识饮水机

1）饮水机在日常生产生活中以方便快捷而受到大家的欢迎，请根据饮水机的工作原理，结合实地观察、教师讲解和资料查询，完成图5-1所示的图解。

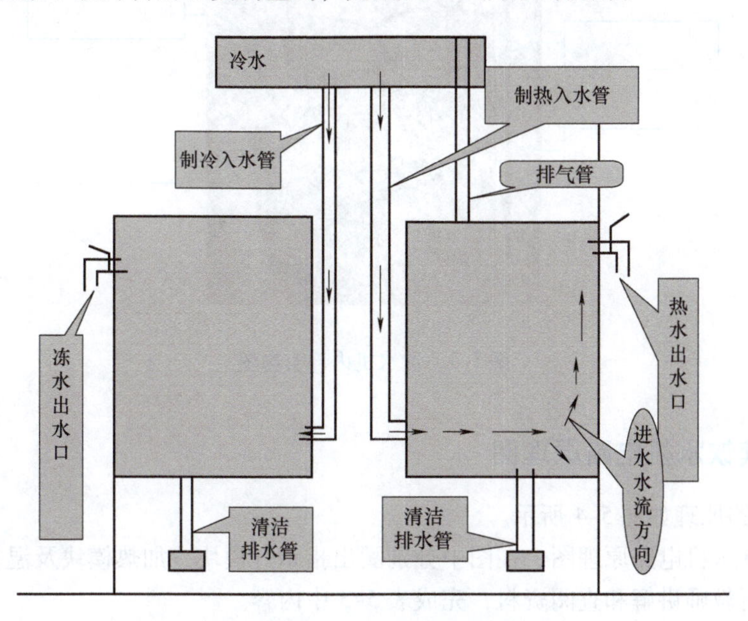

图5-1　饮水机工作流程图

2）依据图5-2所示的饮水机拆解图，完成实物图的标注，并简述各组成部分的作用。

3）对照实物，填写图5-3中各部件的名称。

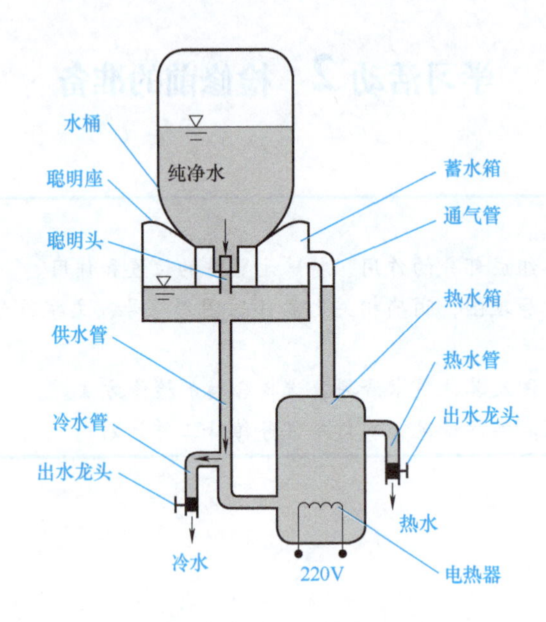

图 5-2　饮水机拆解图

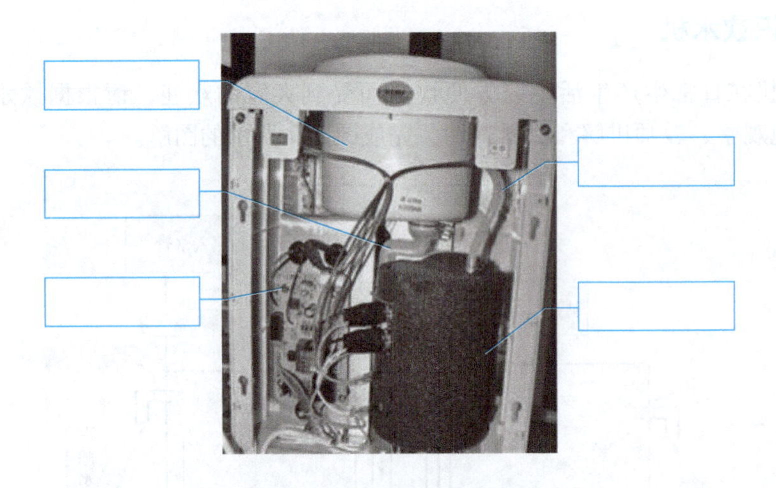

图 5-3　饮水机内部实物图

二、识读饮水机电路原理图

饮水机电路原理如图 5-4 所示。

1）识读饮水机电路原理图，在图中分别圈出指示灯模块、加热模块及温控模块。

2）通过听教师讲解和查阅资料，完成表 5-3 中内容。

3）分析饮水机电路的工作原理，简要描述它的控制功能。________________________________

____

____

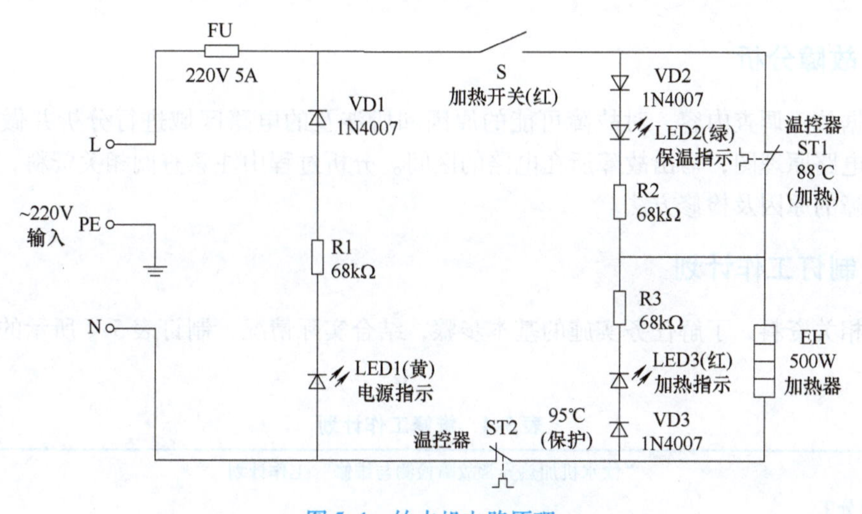

图5-4　饮水机电路原理

表5-3　电路中各元器件作用及质量判别

序号	元　器　件	作　　用	元器件好坏判断
1	FU		
2	S		
3	ST1		
4	ST2		
5	EH		
6	LED1、LED2、LED3		
7	VD1、VD2、VD3		

4）饮水机加热器的功率为500W，试计算熔断器FU最小要用多少安。

5）电路中已安装有熔断器FU，为什么还要安装温控器ST2？注意观察饮水机内部结构，说明对安装温控器ST1和ST2的位置和接触面有什么要求。

三、故障分析

请根据故障调查内容，对故障可能的原因和所涉及的电路区域进行分析并做出初步判断。分析电路原理图，写出故障所在电路的区间。分析过程中注意查阅相关资料，了解饮水机加热故障的原因及检修方法。

四、制订工作计划

查阅相关资料，了解任务实施的基本步骤，结合实际情况，制订表5-4所示的维修工作计划。

表5-4　维修工作计划

“饮水机加热异常故障检测与维修”工作计划

一、人员分工

1. 小组负责人：____________

2. 小组成员及分工

姓　名	分　工

二、工具、仪表及材料清单

序号	工具、仪表或材料名称	单位	数量	备　注

三、工序及工期安排

序号	工作内容	完成时间	备　注

四、安全防护措施

五、评价

以小组为单位，展示本组制订的工作计划。然后在教师点评基础上对工作计划进行修改完善，并根据表5-5所示的评分标准进行评分。

表5-5　测评表

序号	评价内容	分值	评分		
			自我评价	小组评价	教师评价
1	计划制订是否有条理	10分			
2	计划是否全面、完善	10分			
3	人员分工是否合理	10分			
4	任务要求是否明确	20分			
5	工具清单是否正确、完整	20分			
6	材料清单是否正确、完整	20分			
7	团结协作	10分			
合计		100分			

学习活动3 现场检修

学习目标

1. 能采用适当的方法查找故障点并排除故障。

2. 能正确使用万用表、示波器等电子仪器进行电路检测，完成通电试机，并交付验收。

3. 能正确填写维修记录登记表。

建议学时

12学时

学习过程

一、检测、排除电路故障

根据上一学习活动中的初步判断，采用适当的检查方法找出故障点并排除。在排除故障过程中，严格执行安全操作规范，文明作业、安全作业。测试记录表见表5-6。

表5-6 测试记录表

步骤	测试内容	测试结果	结论和下一步措施

二、自检、互检和试机

故障检修完毕后，进行自检、互检，经教师同意后通电试车。记录自检和互检的情况，填写表5-7。

表 5-7　故障检修记录表

故障范围是否正确		检查方法是否正确		是否修复故障	
自　检	互　检	自　检	互　检	自　检	互　检

三、设备验收

1）在验收阶段，各小组派出代表进行交叉验收，并填写验收过程问题记录表，见表 5-8。

表 5-8　验收过程问题记录表

验收问题	整改措施	完成时间	备　注

2）将学习活动 1 中的维修工作任务单填写完整。

四、其他故障分析与练习

1）除了本学习任务涉及的故障现象外，实际应用中饮水机还可能出现其他各种各样的故障。以下是饮水机几种典型的故障现象，查询相关资料，分析故障原因，判断故障范围并简述处理方法。在教师指导下进行实际排故训练，将结果填入表 5-9 中。

表 5-9　故障分析及检修记录表

序　号	故障现象描述	故障范围	分析原因	处理方法
1	能制热，指示灯 LED2 亮			
2	能制热，指示灯 LED2 不亮			
3	不能制热，指示灯 LED2 不亮			
4	其他故障			

2）故障练习完毕，进行自检和互检，根据测试内容填写表5-10。

表5-10　故障排除确认表

序　　号	故 障 现 象	故障范围是否正确		检修方法是否正确		是否修复故障	
		自　检	互　检	自　检	互　检	自　检	互　检
1							
2							
3							
4							
5							
6							
7							
8							
9							
10							

五、评价

以小组为单位，展示本组检修成果。根据表5-11所示的任务测评表进行评分。

表5-11　任务测评表

评 分 内 容		分值	评　　分		
			自我评分	小组评分	教师评分
故障分析	故障分析思路清晰（10分）	20分			
	准确标出最小故障范围（10分）				
故障排除	用正确的方法排除故障（20分）	50分			
	检修中不扩大故障范围或产生新的故障，一旦发生，能及时自行修复（20分）				
	工具、设备无损伤（10分）				
通电调试	设备正常运转无故障（10分）	20分			
	故障未排除的，及时独立发现问题并解决（10分）				
安全文明生产	遵守安全文明生产规程（5分）	10分			
	检修完成后，认真清理现场（5分）				
检修额定用时：______，实际用时：______，超时扣分：______					
合　计					

学习活动 4　总结与评价

学习目标

1. 能以小组形式，学会对本学习任务的学习过程和实训成果进行汇报总结。
2. 能正确填写任务综合能力评价表，完成对学习过程各项内容的综合评价。
3. 能够正确分析故障现象，找到故障点，并检测判断元器件的好坏。
4. 学会团队合作，互相讨论学习体会，不断提升综合维修能力。

建议学时

6 学时

学习过程

一、工作总结

以小组为单位，选择演示文稿、展板、海报、录像等形式中的一种或几种，向全班展示和汇报学习成果，制订学习成果汇报计划。

二、综合能力评价

按照“客观、公正和公平”原则，在教师指导下按自我评价、小组评价和教师评价三种方式对自己或他人在本学习任务中的表现进行综合评价，见表5-12。

表5-12　任务综合能力评价表

评价项目	评价标准	配分	评价分数		
			自我评价	小组评价	教师评价
职业素养（30%）	劳动保护用品穿戴完备，仪容仪表符合工作要求	5分			
	安全意识、责任意识强，服从工作安排	5分			
	积极参加教学活动，按时完成各项学习任务	5分			
	团队合作意识强，善于与他人交流和沟通	5分			
	自觉遵守劳动纪律，尊敬教师，团结同学	5分			
	爱护公物，节约材料，维修现场符合“6S”标准	5分			
专业能力（40%）	专业知识扎实，掌握相关理论知识，有较强的自学能力	10分			
	操作积极、训练刻苦，具有一定的检修能力	10分			
	技能操作规范，注重维修工艺，工作效率高	10分			
	检测故障手段多样，判断故障点准确，会判断元器件好坏	10分			
工作成果（30%）	产品维修符合工艺规范、产品功能满足要求	20分			
	工作总结符合要求、维修成本低、顾客满意度高	10分			
总分		100分			
创新能力	学习过程中提出具有创新性、可行性的建议	加分奖励			
总评	自我评价×20%+小组评价×20%+教师评价×60%=	综合等级	教师（签名）：		
班级	学号	姓名			

注：考核综合等级分为A（90~100分）、B（80~89分）、C（70~79分）、D（60~69分）、E（0~59分）五个等级。

学习任务6

声光控小夜灯常亮故障检测与维修

学习目标

完成本学习任务后，学生应当做到：

1. 能通过阅读维修工作任务单和观察实物，记录故障现象，明确维修工作任务要求。

2. 能根据常见电子设备故障的检修过程、检修原则、检修思路、常用检修方法，完成电路的故障检修。

3. 会描述声光控小夜灯的结构、功能，能叙述声光控小夜灯的工作原理；掌握相关元器件的特点、功能。

4. 能根据任务要求，列出所需工具、仪表和材料清单并做好准备，并合理制订工作计划。

5. 能根据故障现象判断故障点，并按照任务要求和相关工艺，完成电路的各工作点的测试，并对电路进行通电测试。

6. 在规定时间内完成维修任务，会填写维修过程记录单，整理资料存档。

7. 能按电工作业规程，作业完毕后按照“6S”管理规定，清理检修现场。

建议学时

30学时

工作情境描述

某电子技术公司接到某小区步行梯走廊有若干盏声光控小夜灯常亮的故障报修任务，要求在规定的时间内完成检修。维修人员接到业务主管的任务单后，到达现场，通过观察故障现象、进行故障检测与分析、判定发生故障的部位，采用合适的方法进行维修。工作过程中应严格遵守安全生产管理规定，完成后交付业务主管验收。

工作流程与活动

学习活动1　明确工作任务（4学时）

学习活动2　检修前的准备（8学时）

学习活动3　现场检修（12学时）

学习活动4　总结与评价（6学时）

学习活动 1　明确工作任务

学习目标

1. 能通过阅读维修工作任务单，明确工作内容、工时、维修任务等要求。
2. 能通过现场测试及与用户进行有效沟通，明确故障现象并做好记录。

建议学时

4 学时

学习过程

一、明确维修工作任务

1）请认真阅读工作情境描述，查阅相关资料，依据故障现象描述或现场观察，组织语言自行填写表 6-1。

表 6-1　维修工作任务单

<table>
<tr><td colspan="7">报修记录</td></tr>
<tr><td>报修部门</td><td>某小区</td><td>报修人</td><td colspan="2"></td><td>报修时间</td><td></td></tr>
<tr><td>报修级别</td><td colspan="2">□特急　☑急　□一般</td><td colspan="2">希望完工时间</td><td colspan="2"></td></tr>
<tr><td>故障设备</td><td>声光控小夜灯</td><td>设备编号</td><td colspan="2"></td><td>故障时间</td><td></td></tr>
<tr><td>故障现象</td><td colspan="6">声光控小夜灯外观没有损坏，但白天和夜晚灯都长亮</td></tr>
<tr><td>维修要求</td><td colspan="6">小夜灯白天不能亮，夜晚有声音时亮 30s 后自动熄灭</td></tr>
<tr><td colspan="7">维修记录</td></tr>
<tr><td>接单人及时间</td><td colspan="3"></td><td colspan="2">预定完工时间</td><td></td></tr>
<tr><td>派工</td><td></td><td></td><td></td><td colspan="2"></td><td></td></tr>
<tr><td>故障现象</td><td colspan="6"></td></tr>
<tr><td>故障原因</td><td colspan="6"></td></tr>
<tr><td>维修类别</td><td colspan="6">□小修　　□中修　　□大修</td></tr>
<tr><td>维修情况</td><td colspan="6"></td></tr>
<tr><td>维修起止时间</td><td colspan="2"></td><td>工时总计</td><td colspan="3"></td></tr>
<tr><td rowspan="5">元器件更换情况</td><td>元器件编码</td><td>元器件名称</td><td>单位</td><td>数量</td><td>金额</td><td>备注</td></tr>
<tr><td></td><td></td><td></td><td></td><td></td><td rowspan="4"></td></tr>
<tr><td></td><td></td><td></td><td></td><td></td></tr>
<tr><td></td><td></td><td></td><td></td><td></td></tr>
<tr><td></td><td></td><td></td><td></td><td></td></tr>
<tr><td>维修人员建议</td><td colspan="6"></td></tr>
<tr><td colspan="7">验收记录</td></tr>
<tr><td rowspan="2">验收部门</td><td>维修开始时间</td><td></td><td>完工时间</td><td colspan="3"></td></tr>
<tr><td>维修结果</td><td></td><td colspan="2">验收人：</td><td colspan="2">日期：</td></tr>
<tr><td colspan="2">设备部门</td><td></td><td colspan="2">验收人：</td><td colspan="2">日期：</td></tr>
</table>

2）根据工作情境描述，模拟实际场景，与客户进行沟通交流，写出本次任务客户需求的要点。

二、调查故障及勘察维修现场

通过现场勘察、咨询，填写勘察维修现场记录表，见表6-2。

表6-2　勘察维修现场记录表

序　号	调查内容	情况记录
1	声光控小夜灯的购买时间	
2	使用频次	
3	以前出现的故障	
4	维修情况	
5	维修时间	
6	本次故障现象（与客户沟通交流获取信息）	
7	勘察时间	
8	勘察地点	
9	备注	

小提示

现场勘察注意事项：

1）声光控小夜灯一般供住户或公共场所照明使用，环境比较差，要注意观察是否有外观损坏、导线裸露等现象，防止触电。

2）拆卸声光控小夜灯属于高空作业，一般要用到梯子，要按高空作业的要求施工，防止维修人员从梯子上滑下来。

3）声光控小夜灯一般工作在夜晚，检查时注意遮挡光敏电阻，再进行发声测试，防止误判现象发生。

学习活动 2 检修前的准备

学习目标

1. 能描述声光控小夜灯各个组成部分及其作用以及特殊元器件的位置和作用。

2. 能正确识读电路原理图，明确相关元器件的图形符号、文字符号，分析电路的工作原理。

3. 能根据电路原理图及技术资料，选择合适的检修方法。

4. 能根据任务要求和实际情况，制订电子产品维修工作计划。

建议学时

8 学时

学习过程

一、认识声光控小夜灯

1. 初识声光控小夜灯

声光控小夜灯已成为人们日常生活中必不可少的必需品，它不需要开关，当有人经过时会自动亮，广泛应用于走廊、楼道等公共场所，给人们的生活带来极大的方便，因此得到了广泛的应用。请根据声光控小夜灯的工作需求，结合实地观察、教师讲解和资料查询，简要描述声光控小夜灯工作流程，写出各主要部件的名称。声光控小夜灯电路板如图 6-1 所示。

2. 光敏电阻

光敏电阻（见图 6-2）是声光控小夜灯电路的核心元器件之一，通过查阅相关资料，对照图片完成下列题目。

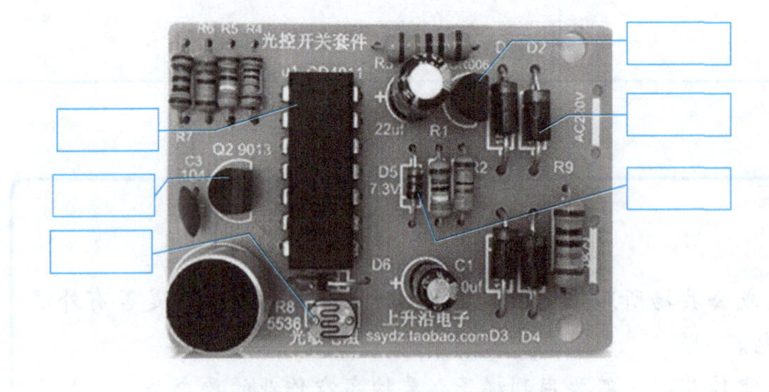

图 6-1 声光控小夜灯电路板

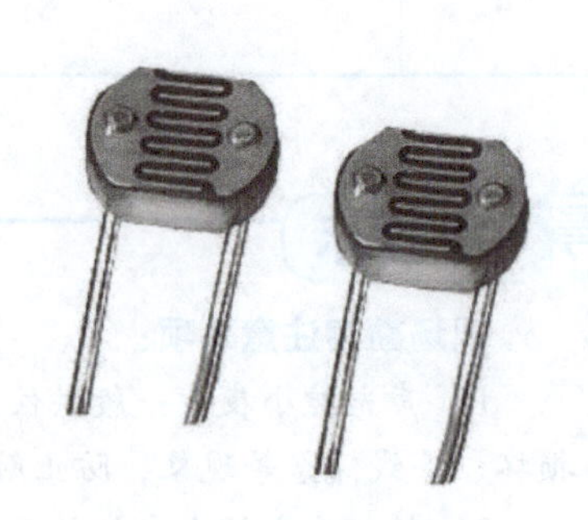

图 6-2 光敏电阻

1）光敏电阻电路符号：______________________________。

2）常见分类：______________________________。

3）简述光敏电阻的工作原理。______________________________

____

____

4）光敏电阻的检测方法。用万用表__________档，将两表笔分别任意接光敏电阻的两个引脚，然后按下列方法进行测试。

① 检测暗阻。检测电路如图 6-3 所示，用一黑纸片将光敏电阻的透光窗口遮住，此时万用表的指针基本保持不动，阻值接近无穷大。此值越______，说明光敏电阻性能越______。若此值________________，说明光敏电阻已烧穿损坏，不能再继续使用。

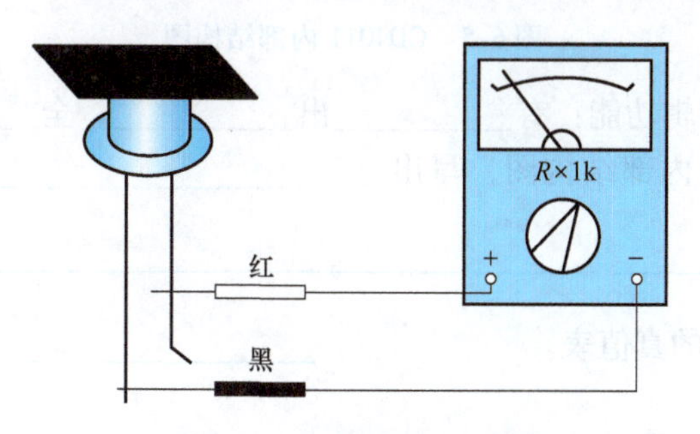

图 6-3　检测光敏电阻的暗阻

② 检测亮阻。检测电路如图 6-4 所示。将一光源对准光敏电阻的透光窗口，此时万用表的指针应有较大幅度的摆动，阻值明显减小。此值越______，说明光敏电阻性能越__________。若此值________________，表明光敏电阻内部开路损坏，不能再继续使用。

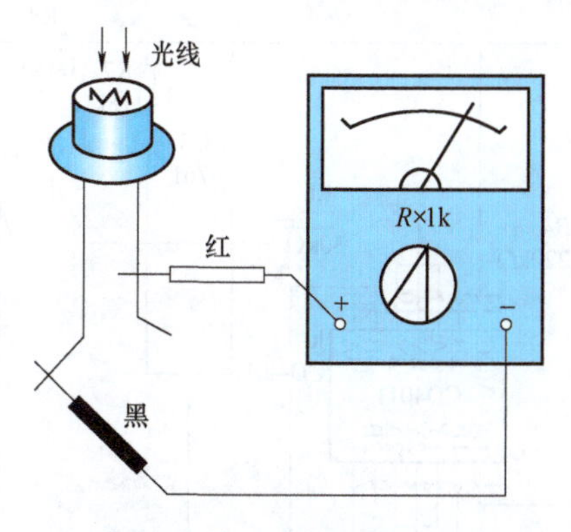

图 6-4　检测光敏电阻的亮阻

③ 检测灵敏性。将光敏电阻透光窗口对准入射光线，用小黑纸片在透光窗口上部晃动，使其间断受光，此时万用表指针应随黑纸片的晃动而__________。如果万用表指针始终停在某一位置不随纸片晃动而摆动，说明光敏电阻的光敏材料已经__________。

3. CD4011

CD4011 是广泛应用的数字 IC 之一，其内部含有四个独立的两输入与非门，结构如图 6-5 所示。

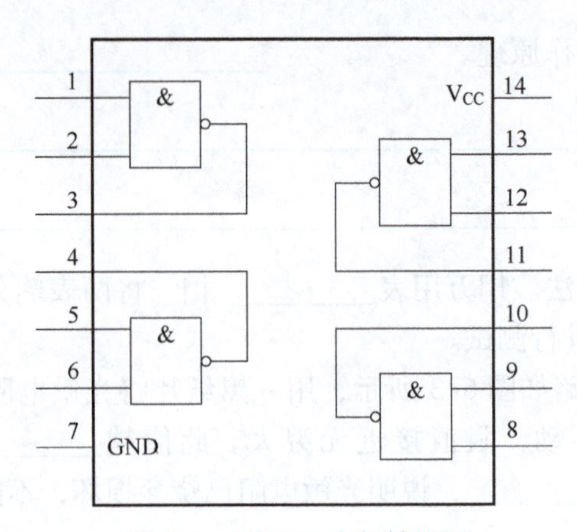

图 6-5　CD4011 内部结构图

1）写出与非门的逻辑功能：有＿＿＿＿＿出＿＿＿＿＿；全＿＿＿＿＿出＿＿＿＿＿。

2）依据 CD4011 的内部结构图，写出各个引脚的功能。

3）请列出 CD4011 的真值表。

二、识读声光控小夜灯电路原理图

声光控小夜灯电路原理如图 6-6 所示。

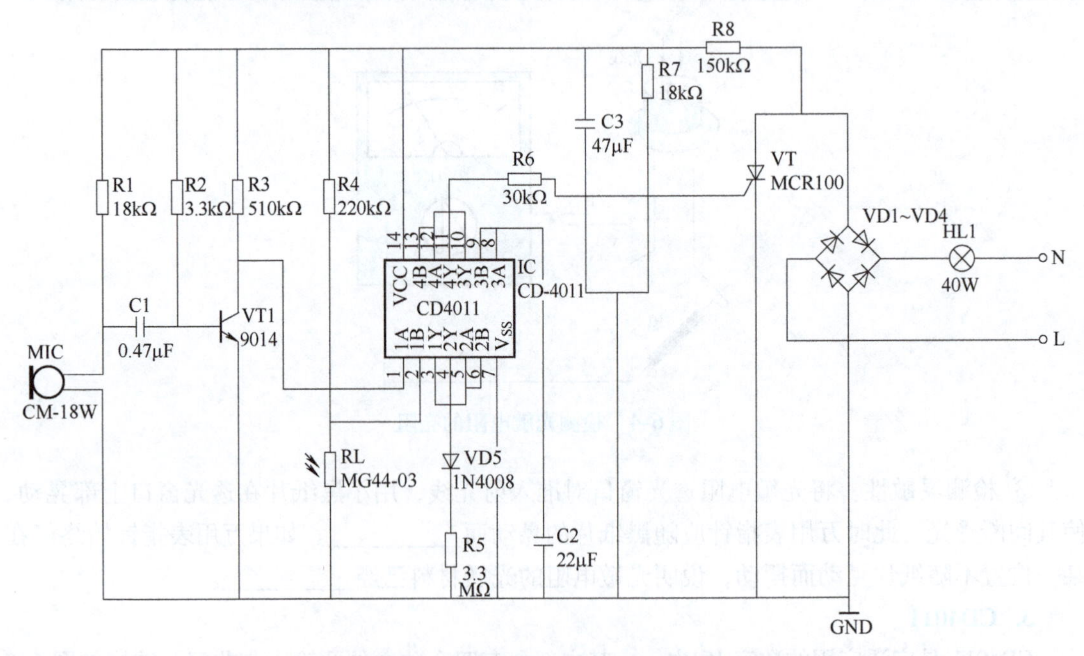

图 6-6　声光控小夜灯电路原理

1）识读声光控小夜灯电路原理图，在图中分别圈出整流电路、声光开关电路、信号放大电路、驱动电路以及延时电路。

2）通过听教师讲解和查阅资料完成表6-3。

表6-3　电路中各元件的功能及作用

序号	元器件	作用	功能描述
1	VD1～VD4		
2	VT		
3	R8、C3		
4	VT1、R3		

3）如何通过延时电路控制灯亮的时长？

4）如何调节声光控小夜灯亮灯的灵敏度？

5）分析声光控小夜灯的工作原理，简要描述它的控制功能。

三、故障分析

请根据所做的故障调查内容，对故障可能的原因和所涉及的电路区域进行分析并做出初步判断。分析电路原理图，写出故障所在电路的区间。分析过程中，注意查阅相关资料，了解声光控小夜灯常见的故障现象、原因及检修方法。

四、制订工作计划

查阅相关资料，了解任务实施的基本步骤，结合实际情况，制订表6-4所示的维修工作计划。

表 6-4　维修工作计划

"声光控小夜灯常亮故障检测与维修"工作计划

一、人员分工

1. 小组负责人：＿＿＿＿＿＿＿＿

2. 小组成员及分工

姓　名	分　工

二、工具、仪表及材料清单

序号	工具、仪表或材料名称	单位	数量	备　注

三、工序及工期安排

序号	工 作 内 容	完 成 时 间	备　注

四、安全防护措施

五、评价

以小组为单位，展示本组制订的工作计划，然后在教师点评基础上对工作计划进行修改完善，并根据表 6-5 中的评分标准进行评分。

表 6-5　测评表

序号	评价内容	分　值	评　分		
			自我评价	小组评价	教师评价
1	计划制订是否有条理	10 分			
2	计划是否全面、完善	10 分			
3	人员分工是否合理	10 分			
4	任务要求是否明确	20 分			
5	工具清单是否正确、完整	20 分			
6	材料清单是否正确、完整	20 分			
7	团结协作	10 分			
合　计		100 分			

学习活动3 现场检修

学习目标

1. 能采用适当的方法查找故障点并排除故障。
2. 能正确使用万用表、示波器等电子仪器进行电路检测，完成通电试机，并交付验收。
3. 能正确填写维修记录登记表。

建议学时

12 学时

学习过程

一、检测、排除线路故障

根据上一活动中的初步判断，采用适当的检查方法，找出故障点并排除。在排除故障过程中，填写表6-6，严格执行安全操作规范，文明作业、安全作业。

表6-6 测试记录表

步骤	测试内容	测试结果	结论和下一步措施

二、自检、互检和试机

故障检修完毕后，进行自检、互检，经教师同意，在教师的辅助下通电试机。记录自检和互检的情况，填入表6-7中。

表 6-7　故障检修记录表

故障范围是否正确		检查方法是否正确		是否修复故障	
自　检	互　检	自　检	互　检	自　检	互　检

三、设备验收

1）在验收阶段，各小组派出代表进行交叉验收，并填写表6-8。

表 6-8　验收过程问题记录表

验收问题	整改措施	完成时间	备　注

2）将学习活动1中的维修工作任务单填写完整。

四、其他故障分析与练习

1）除了本学习任务涉及的故障现象外，实际维修中，声光控小夜灯还可能出现其他各种各样的故障。表6-9中是声光控小夜灯几种典型的故障现象，查询相关资料，分析故障原因，判断故障范围并简述处理方法，在教师指导下进行实际排故训练。

表 6-9　故障分析及检修记录表

序　号	故障现象描述	故障范围	故障原因	处理方法
1	夜晚声音小时声光控小夜灯不亮，声音很大时灯才亮			
2	白天有声音时声光控小夜灯点亮			
3	夜晚有声音声光控小夜灯不亮			
4	白天、夜晚声光控小夜灯长亮			
5	夜晚声光控小夜灯不时地发光			

2）故障分析与检修完毕，进行自检和互检，根据测试内容填写表6-10。

表6-10　故障排除确认表

序　号	故障现象	故障范围是否正确		检修方法是否正确		是否修复故障	
		自　检	互　检	自　检	互　检	自　检	互　检
1							
2							
3							
4							
5							
6							
7							
8							
9							
10							

五、评价

以小组为单位，展示本组检修成果，根据表6-11进行评分。

表6-11　任务测评表

评分内容		分值	评　分		
			自我评分	小组评分	教师评分
故障分析	能正确进行故障分析，思路清晰（10分）	20分			
	能准确标出最小故障范围（10分）				
故障排除	用正确的方法排除故障点（30分）	50分			
	检修中不扩大故障范围或产生新的故障，一旦发生，能及时自行修复（10分）				
	工具、设备无损伤（10分）				
通电调试	设备正常运转，无故障（10分）	20分			
	故障未排除的，及时独立发现问题并解决（10分）				
安全文明生产	遵守安全文明生产规程（5分）	10分			
	检修完成后，认真清理现场（5分）				
检修额定用时：______，实际用时：______，超时扣分：______					
合　计					

学习活动 4　总结与评价

学习目标

1. 能以小组形式，学会对本学习任务的学习过程和实训成果进行汇报总结。
2. 能正确填写任务综合能力评价表，对学习过程中各项内容进行综合评价。
3. 学会检测故障的步骤，能够正确分析故障现象，找到故障点，检测判断元器件的好坏。
4. 学会团队合作，互相讨论学习体会，不断提升综合维修能力。

建议学时

6 学时

学习过程

一、工作总结

以小组为单位，选择演示文稿、展板、海报、录像等形式中的一种或几种，向全班展示和汇报学习成果。

二、综合能力评价

按照“客观、公正和公平”原则，在教师的指导下按自我评价、小组评价和教师评价三种方式对自己或他人在本学习任务中的表现进行综合评价，见表6-12。

表6-12　任务综合能力评价表

评价项目	评价标准	配分	评价分数		
			自我评价	小组评价	教师评价
职业素养（30%）	劳动保护用品穿戴完备，仪容仪表符合工作要求	5分			
	安全意识、责任意识强，服从工作安排	5分			
	积极参加教学活动，按时完成各项学习任务	5分			
	团队合作意识强，善于与他人交流和沟通	5分			
	自觉遵守劳动纪律，尊敬教师，团结同学	5分			
	爱护公物，节约材料，维修现场符合“6S”标准	5分			
专业能力（40%）	专业知识扎实，掌握相关理论知识，有较强的自学能力	10分			
	操作积极、训练刻苦，具有一定的检修能力	10分			
	技能操作规范，注重维修工艺，工作效率高	10分			
	检测故障手段多样，判断故障点准确，会判断元器件好坏	10分			
工作成果（30%）	产品维修符合工艺规范、产品功能满足要求	20分			
	工作总结符合要求、维修成本低、顾客满意度高	10分			
总分		100分			
创新能力	学习过程中提出具有创新性、可行性的建议	加分奖励			
总评	自我评价×20%＋小组评价×20%＋教师评价×60%＝	综合等级	教师（签名）：		
班级	学号	姓名			

注：考核综合等级分为A（90～100分）、B（80～89分）、C（70～79分）、D（60～69分）、E（0～59分）五个等级。

学习任务7

计算机小音箱无声音故障检测与维修

学习目标

完成本学习任务后，学生应当做到：

1. 能通过阅读维修工作任务单和观察实物，记录故障现象，明确维修工作任务要求。

2. 会根据常见电子设备故障的检修过程、检修原则、检修思路、常用检修方法，完成电路的故障检修。

3. 会描述计算机小音箱电路的结构、工作原理；掌握相关元器件的特点、功能、测量方法。

4. 能根据任务要求，列出所需工具、仪表和材料清单并做好准备，会合理制订工作计划。

5. 能根据故障现象判断故障点，并按照任务要求和相关工艺，完成电路的各工作点的测试，对电路进行通电测试。

6. 能在规定时间内完成维修任务，会填写维修过程记录单，并整理资料存档。

7. 能按电工作业规程，作业完毕后按照“6S”管理规定清理检修现场。

建议学时

30 学时

工作情境描述

某学校办公室有10台计算机小音箱出现无声音故障，现安排电子技术专业学生在规定时间内完成计算机小音箱故障维修，并根据电路原理图领取、核对、检测维修所需要的元器件，必须严格按安全生产管理规定完成设备的故障维修，最后交给相关人员验收合格。

工作流程与活动

学习活动1　明确工作任务（4 学时）

学习活动2　检修前的准备（8 学时）

学习活动3　现场检修（12 学时）

学习活动4　总结与评价（6 学时）

学习活动 1　明确工作任务

学习目标

1. 能通过阅读维修工作任务单，明确工作内容、工时等要求。
2. 能描述计算机小音箱电路的应用。
3. 能描述计算机小音箱电路的组成结构、作用。
4. 能对电子产品进行现场测试、维修。

建议学时

4 学时

学习过程

一、明确维修工作任务

1）请认真阅读工作情境描述，查阅相关资料，依据故障现象描述或现场观察，组织语言自行填写表 7-1。

表 7-1　维修工作任务单

<table>
<tr><td colspan="6">报修记录</td></tr>
<tr><td>报修部门</td><td>某校办公室</td><td>报修人</td><td></td><td>报修时间</td><td></td></tr>
<tr><td>报修级别</td><td colspan="2">□特急　□急　☑一般</td><td>希望完工时间</td><td colspan="2"></td></tr>
<tr><td>故障设备</td><td>计算机小音箱</td><td>设备编号</td><td></td><td>故障时间</td><td></td></tr>
<tr><td>故障现象</td><td colspan="5">计算机小音箱插上电源，指示灯亮，调节音量电位器无声音，用手触碰音箱信号输入端，也无噪声</td></tr>
<tr><td>维修要求</td><td colspan="5">计算机小音箱能正常发出声音，用音量电位器能调节声音大小，无明显的杂音</td></tr>
<tr><td colspan="6">维修记录</td></tr>
<tr><td>接单人及时间</td><td colspan="2"></td><td>预定完工时间</td><td colspan="2"></td></tr>
<tr><td>派工</td><td></td><td></td><td></td><td colspan="2"></td></tr>
<tr><td>故障原因</td><td colspan="5"></td></tr>
<tr><td>维修类别</td><td colspan="5">□小修　　□中修　　□大修</td></tr>
<tr><td>维修情况</td><td colspan="5"></td></tr>
<tr><td>维修起止时间</td><td colspan="2"></td><td>工时总计</td><td colspan="2"></td></tr>
<tr><td>耗材名称</td><td>规格</td><td>数量</td><td>耗材名称</td><td>规格</td><td>数量</td></tr>
<tr><td></td><td></td><td></td><td></td><td></td><td></td></tr>
<tr><td></td><td></td><td></td><td></td><td></td><td></td></tr>
<tr><td>维修人员建议</td><td colspan="5"></td></tr>
<tr><td colspan="6">验收记录</td></tr>
<tr><td rowspan="2">验收部门</td><td>维修开始时间</td><td></td><td>完工时间</td><td colspan="2"></td></tr>
<tr><td>维修结果</td><td></td><td>验收人：</td><td colspan="2">日期：</td></tr>
<tr><td colspan="2">设备部门</td><td></td><td>验收人：</td><td colspan="2">日期：</td></tr>
</table>

2）根据工作情境描述，模拟实际场景进行沟通交流，写出本次任务客户需求的要点。

二、调查故障及勘察维修现场

通过现场勘察、咨询，填写勘察维修现场记录表，见表7-2。

表7-2　勘察维修现场记录表

序　号	调查内容	情况记录
1	计算机小音箱购买时间	
2	使用频次	
3	以前是否出现过故障	
4	曾经维修情况	
5	维修时间	
6	本次故障现象（与客户沟通交流获取信息）	
7	充电器是否正常	
8	勘察时间	
9	勘察地点	
10	备注	

小提示

现场勘察注意事项：

1）由于计算机小音箱一般是在住户或办公场所内，进入住户时要注意卫生，征求用户是否要换鞋。

2）要先进行电源测量来判断设备是否通电，再确定计算机小音箱的好坏。

3）检查计算机小音箱电源开关是否打开。

4）检查音量电位器旋钮是否在关闭音量状态。

5）检查音频信号线是否损坏。

学习活动 2　检修前的准备

学习目标

1. 能描述计算机小音箱各个部分组成及其作用以及特殊元器件的位置和作用。

2. 能正确识读电路原理图，明确相关元器件的图形符号、文字符号，分析电路的工作原理。

3. 能根据电路原理图及技术资料，选择合适的检修方法。

4. 能根据任务要求和实际情况，制订电子产品维修工作计划。

建议学时

8 学时

学习过程

一、认识计算机小音箱

计算机小音箱广泛用于日常听音乐、看电影时的声音播放，请根据计算机小音箱的工作原理和操作，结合实地观察、教师讲解和资料查询，简要描述计算机小音箱工作流程，写出各主要部件的名称。计算机小音箱外观如图 7-1 所示，电路板如图 7-2 所示。

图 7-1　计算机小音箱外观

图 7-2　计算机小音箱电路板

二、识读电路原理图

计算机小音箱电路原理如图 7-3 所示。

1）认识元器件。LM386 放大器外形如图 7-4 所示，它是计算机小音箱的核心器件，通过查阅相关资料，对照图片分析其引脚功能、作用以及内部元件的工作原理。

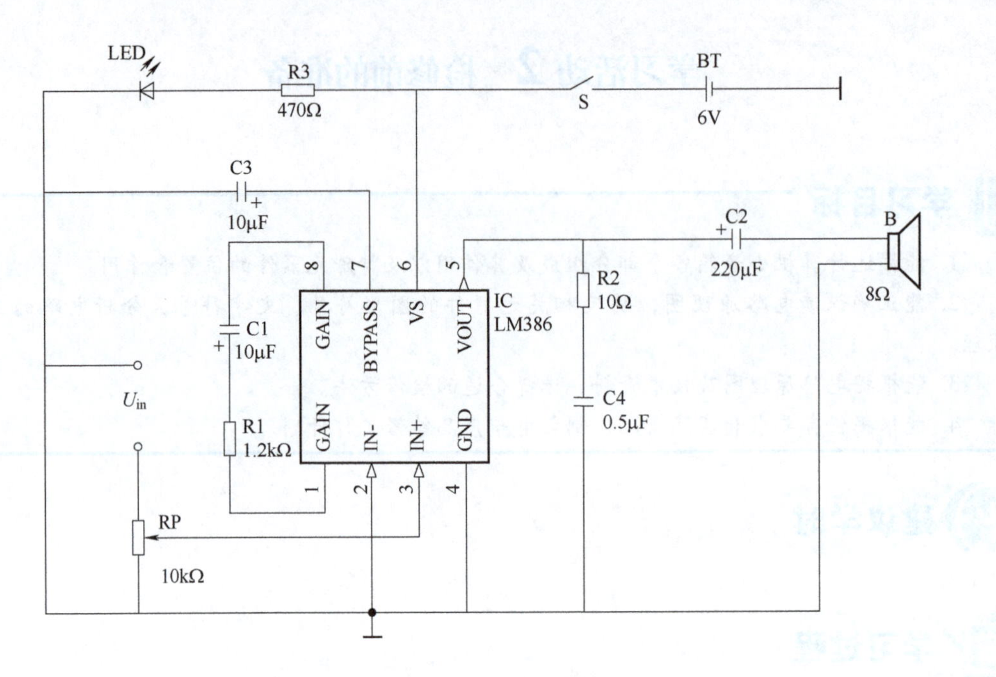

图 7-3　计算机小音箱电路原理

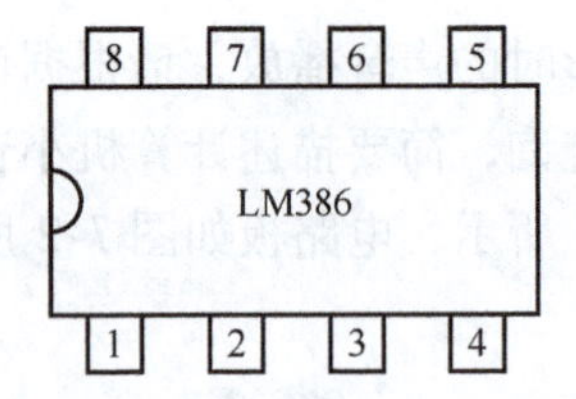

图 7-4　LM386 放大器

① 查阅相关资料，补全表 7-3 中各引脚的功能。

表 7-3　LM386 放大器引脚功能

引脚代号	功　能	引脚代号	功　能
1		5	
2		6	
3		7	
4		8	

② 了解 LM386 放大器的内部结构。LM386 放大器的内部结构如图 7-5 所示。

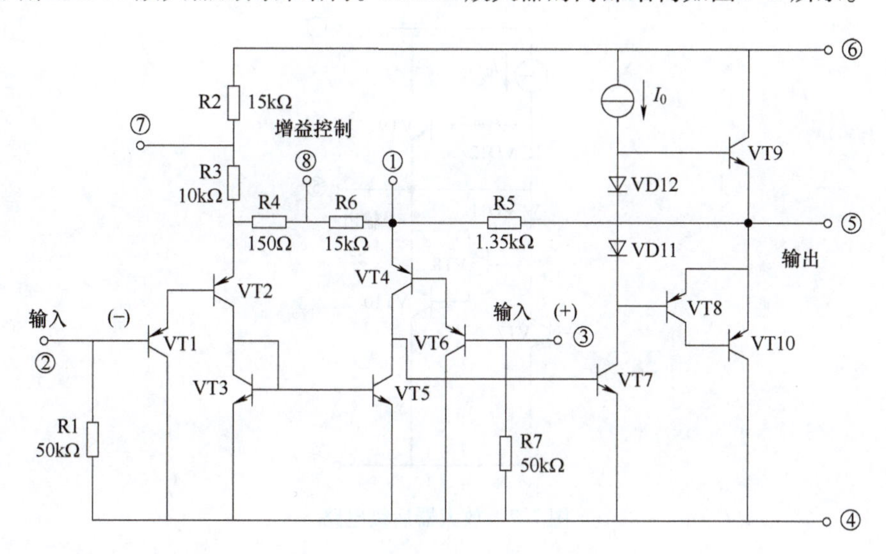

图 7-5　LM386 放大器的内部结构

2）晶体管放大电路分析。

3）通过查阅资料，思考利用 VT8 和 VT10 两个 PNP 型晶体管可以构成什么类型的复合晶体管（见图 7-6）。

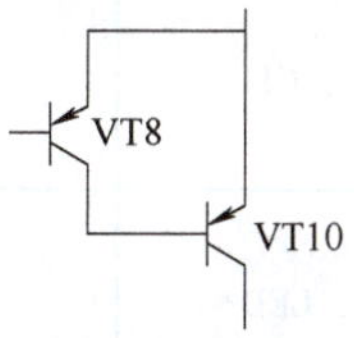

VT8

VT10

图 7-6　VT8 和 VT10 两个 PNP 型晶体管连接图

4）图 7-7 所示是什么电路？工作在什么状态？该电路有什么优缺点？

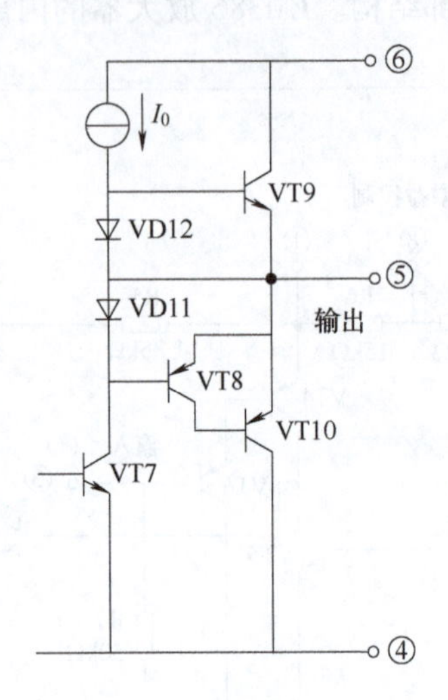

图 7-7　放大器后级电路

三、电路原理分析

1）识读计算机小音箱电路原理图，在图中分别圈出电源输入电路、声音信号输入检测电路、信号放大电路，输出电路。

2）通过听教师讲解和查阅资料，填写表 7-4。

表 7-4　电路中各元器件的功能及作用

序号	元　器　件	作　　用	功 能 描 述
1	R1、C1		
2	R3、LED		
3	C3		
4	R2、C4		
5	C2		
6	RP		

四、制订工作计划

根据任务要求和电路图分析，结合故障实际情况，制订表7-5所示的维修工作计划。

表7-5　维修工作计划

"计算机小音箱无声音故障检测与维修"工作计划

一、人员分工

1. 小组负责人：________

2. 小组成员及分工

姓　名	分　工

二、工具、仪表及材料清单

序号	工具、仪表和材料名称	单位	数量	备　注

三、工序及工期安排

序号	工 作 内 容	完成时间	备　注

四、安全防护措施

五、评价

以小组为单位，展示本组制订的工作计划，然后在教师点评基础上对工作计划进行修改完善，并根据表7-6中的评分标准进行评分。

表7-6 测评表

序号	评价内容	分值	评分		
			自我评价	小组评价	教师评价
1	计划制订是否有条理	10分			
2	计划是否全面、完善	10分			
3	人员分工是否合理	10分			
4	任务要求是否明确	20分			
5	工具清单是否正确、完整	20分			
6	材料清单是否正确、完整	20分			
7	团结协作	10分			
合计		100分			

学习活动3 现场检修

学习目标

1. 能正确测量元器件，并用万用表判断其好坏。
2. 能根据电路原理图，按照工艺要求分析电路。
3. 能正确使用万用表进行电路检测，完成通电试机，交付验收。
4. 检修后能按照管理规定清理检修现场。

建议学时

12学时

学习过程

一、元器件好坏检测

根据前面所学知识，正确检测元器件并判断其好坏，完成表7-7。

表7-7 检测元器件性能

代号	名称	实物照片	规格	检测结果	是否可用
RP	电位器		10kΩ、0.25W	最大电阻______，电阻是否可调______	
C1、C3	电解电容器		10μF		
C2	电解电容器		220μF		
R1	碳膜电阻器		1.2kΩ		
R2	碳膜电阻器		10Ω	量程______、电阻值______	
R3	碳膜电阻器		470Ω	量程______、电阻值______	
B	扬声器		8Ω、0.5W	扬声器电阻值______	
LED	发光二极管		1.5V		

注意：在使用万用表电阻档测量元器件两引脚电阻时，两只手不能同时触及元器件的两个引脚。

二、排除线路故障

1）根据上一活动中的初步判断，采用适当检查方法，找出故障点并排除。在排除故障过程中，严格执行安全操作规范，文明作业、安全作业，将检修过程记录在表7-8中。

表7-8　检修记录表

步骤	测试内容	测试结果	结论和下一步措施

2）故障排除后，应当做哪些工作？____________________

____

____

三、自检、互检和试机

故障检修完毕后，进行自检、互检，经教师同意，通电试机。

1）查阅资料，思考检修任务完成后的自检、试机与维修任务有哪些异同。____________________

____

____

2）记录自检和互检的情况，完成表7-9。

表7-9　自检和互检记录表

故障范围是否正确		检查方法是否正确		是否修复故障	
自检	互检	自检	互检	自检	互检

四、设备验收

1）在验收阶段，各小组派出代表进行交叉验收，并填写表7-10。

表7-10　验收过程问题记录表

验收问题	整改措施	完成时间	备　注

2）将学习活动1中的维修工作任务单填写完整。

五、其他故障分析与练习

1）除了本学习任务涉及的故障现象外，实际维修中，计算机小音箱还可能出现其他各种各样的故障。表7-11中是计算机小音箱几种典型的故障现象，查询相关资料，分析故障原因，判断故障范围并简述处理方法，在教师指导下进行实际排故训练。

表7-11　故障分析及检修记录表

序号	故障现象	故障范围	故障原因	处理方法
1	扬声器沙哑			
2	扬声器声音太小			
3	LED指示灯亮，无声音输出			
4	LED指示灯不亮，无声音输出			

2）故障分析与检修完毕，进行自检和互检，根据测试内容，填写表7-12。

表7-12　故障排除确认表

序号	故障现象	故障范围是否正确		检修方法是否正确		是否修复故障	
		自　检	互　检	自　检	互　检	自　检	互　检
1							
2							
3							
4							
5							

六、评价

以小组为单位，展示本组维修成果，根据表7-13进行评分。

表 7-13　任务测评表

<table>
<tr><th colspan="2" rowspan="2">评分内容</th><th rowspan="2">分值</th><th colspan="3">评　分</th></tr>
<tr><th>自我评分</th><th>小组评分</th><th>教师评分</th></tr>
<tr><td rowspan="2">故障分析</td><td>能正确进行故障分析，思路清晰（10 分）</td><td rowspan="2">20 分</td><td rowspan="2"></td><td rowspan="2"></td><td rowspan="2"></td></tr>
<tr><td>能准确标出最小故障范围（10 分）</td></tr>
<tr><td rowspan="3">故障排除</td><td>用正确的方法排除故障点（30 分）</td><td rowspan="3">50 分</td><td rowspan="3"></td><td rowspan="3"></td><td rowspan="3"></td></tr>
<tr><td>检修中不扩大故障范围或产生新的故障，一旦发生，能及时自行修复（10 分）</td></tr>
<tr><td>工具、设备无损伤（10 分）</td></tr>
<tr><td rowspan="2">通电调试</td><td>设备正常工作，无故障（5 分）</td><td rowspan="2">10 分</td><td rowspan="2"></td><td rowspan="2"></td><td rowspan="2"></td></tr>
<tr><td>故障未排除的，及时独立发现问题并解决（5 分）</td></tr>
<tr><td>产品外观情况</td><td>能保证维修前的外观，不增加破损现象（10 分）</td><td>10 分</td><td></td><td></td><td></td></tr>
<tr><td rowspan="2">安全文明生产</td><td>遵守安全文明生产规程（5 分）</td><td rowspan="2">10 分</td><td rowspan="2"></td><td rowspan="2"></td><td rowspan="2"></td></tr>
<tr><td>检修完成后，认真清理现场（5 分）</td></tr>
<tr><td colspan="3">检修额定用时：______，实际用时：______，超时扣分：______</td><td></td><td></td><td></td></tr>
<tr><td colspan="3">合　计</td><td></td><td></td><td></td></tr>
</table>

学习活动 4　总结与评价

学习目标

1. 能以小组形式，学会对本学习任务的学习过程和实训成果进行汇报总结。
2. 能正确填写任务综合能力评价表，对学习过程中各项内容进行综合评价。
3. 学会检测故障的步骤，能够正确分析故障现象，找到故障点，检测判断元器件的好坏。
4. 学会团队合作，互相讨论学习体会，不断提升综合维修能力。

建议学时

6 学时

学习过程

一、工作总结

以小组为单位，选择演示文稿、展板、海报、录像等形式中的一种或几种，向全班展示、汇报学习成果。

二、综合能力评价

按照“客观、公正和公平”原则，在教师的指导下按自我评价、小组评价和教师评价三种方式对自己或他人在本学习任务中的表现进行综合评价，见表7-14。

表7-14 任务综合能力评价表

评价项目	评价标准		配分	评价分数		
				自我评价	小组评价	教师评价
职业素养（30%）	劳动保护用品穿戴完备，仪容仪表符合工作要求		5分			
	安全意识、责任意识强，服从工作安排		5分			
	积极参加教学活动，按时完成各项学习任务		5分			
	团队合作意识强，善于与他人交流和沟通		5分			
	自觉遵守劳动纪律，尊敬教师，团结同学		5分			
	爱护公物，节约材料，维修现场符合“6S”标准		5分			
专业能力（40%）	专业知识扎实，掌握相关理论知识，有较强的自学能力		10分			
	操作积极、训练刻苦，具有一定的检修能力		10分			
	技能操作规范，注重维修工艺，工作效率高		10分			
	检测故障手段多样，判断故障点准确，会判断元器件好坏		10分			
工作成果（30%）	产品维修符合工艺规范、产品功能满足要求		20分			
	工作总结符合要求、维修成本低、顾客满意度高		10分			
总分			100分			
创新能力	学习过程中提出具有创新性、可行性的建议		加分奖励			
总评	自我评价×20%+小组评价×20%+教师评价×60%=		综合等级	教师（签名）：		
班级		学号	姓名			

注：考核综合等级分为A（90~100分）、B（80~89分）、C（70~79分）、D（60~69分）、E（0~59分）五个等级。

学习任务8

MF47型万用表电阻档故障检测与维修

学习目标

完成本学习任务后，学生应当做到：

1. 能通过阅读维修工作任务单和观察实物，记录故障现象，明确维修工作任务要求。

2. 会根据常见电子设备故障的检修过程、检修原则、检修思路、常用检修方法，完成电路的故障检修。

3. 会描述MF47型万用表电路的结构、工作原理；掌握电阻档、电压档、电流档等电路原理和元器件的特点及故障检测方法。

4. 能根据任务要求，列出所需工具、仪表和材料清单并做好准备，会合理制订工作计划。

5. 能根据故障现象判断故障点，并按照任务要求和相关工艺，完成电路的各工作点的测试，对电路进行通电调试。

6. 能在规定时间内完成维修任务，会填写维修过程记录单，整理资料存档。

7. 能按电工作业的规程，作业完毕后按照“6S”管理规定清理检修现场。

建议学时

30学时

工作情境描述

某学校电气实训室有15块MF47型万用表出现了电阻档损坏故障，现需要电子技术专业学生在规定时间内完成故障维修，并根据电路原理图领取、核对、检测维修所需的元器件，按安全生产管理规定完成万用表的故障维修，并交给相关人员验收。

工作流程与活动

学习活动1　明确工作任务（4学时）

学习活动2　检修前的准备（8学时）

学习活动3　现场检修（12学时）

学习活动4　总结与评价（6学时）

学习活动 1　明确工作任务

学习目标

1. 能通过阅读维修工作任务单，明确工作内容、工时等要求。
2. 能描述 MF47 型万用表的应用。
3. 能描述 MF47 型万用表电路的组成结构、作用。
4. 能对电子产品进行现场测试、维修。

建议学时

4 学时

学习过程

一、明确维修工作任务

1）请认真阅读工作情境描述，查阅相关资料，依据故障现象描述或现场观察，组织语言自行填写表 8-1。

表 8-1　维修工作任务单

报修记录					
报修部门	某学校电气实训室	报修人		报修时间	
报修级别	□特急　☑急　□一般		希望完工时间		
故障设备	MF47 型万用表	设备编号		故障时间	
故障现象	万用表测电流、电压档都正常，但测电阻时指针不摆动，没法读出测量的阻值				
维修要求	恢复电阻档的功能，每个档位都能调 0，能用各档位来测量阻值				
维修记录					
接单人及时间			预定完工时间		
派工					
故障原因					
维修类别	□小修		□中修	□大修	
维修情况					
维修起止时间			工时总计		
耗材名称	规格	数量	耗材名称	规格	数量
维修人员建议					
验收记录					
验收部门	维修开始时间		完工时间		
	维修结果		验收人：	日期：	
设备部门			验收人：	日期：	

2）根据工作情境描述，模拟实际场景进行沟通交流，写出本次任务客户需求的要点。

二、查看故障及分析故障

通过现场勘察、咨询，填写勘察维修现场记录表，见表8-2。

表8-2　勘察维修现场记录表

序　号	调查内容	情况记录
1	MF47型万用表购买时间	
2	使用频次	
3	以前是否出现过故障	
4	曾经维修情况	
5	维修时间	
6	本次故障现象（与客户沟通交流获取信息）	
7	电池是否正常	
8	勘察时间	
9	勘察地点	
10	备注	

小提示

现场勘察注意事项：

1）要先对MF47型万用表的电池进行观察，查看是否有电池液泄露。

2）进行9V电池和1.5V电池的电压检查，看是否满足要求。

3）分别测试各档位的好坏，并做好记录。

4）测试时注意保护各档位，以免造成二次损坏。

学习活动 2　检修前的准备

学习目标

1. 能描述 MF47 型万用表各个档位组成、部分电路作用以及特殊元器件的位置和作用。
2. 能识读电路原理图，明确相关元器件的图形符号、文字符号，分析电路的工作原理。
3. 能根据电路原理图及技术资料，选择合适的检修方法。
4. 能根据任务要求和实际情况，制订本学习任务的维修工作计划。

建议学时

8 学时

学习过程

一、认识 MF47 型万用表

万用表又称为万能表、复用表和三用表等，是电工电子元器件测量不可缺少的仪表，万用表的基本原理是利用一只灵敏的磁电系直流电流表（微安表）做表头。当微小电流通过表头时，就会有电流指示。但表头不能通过大电流，所以，必须在表头上并联或串联电阻进行分流或分压，从而测出电路中的电流值、电压值和电阻值等。根据万用表的工作原理和操作，结合实地观察、教师讲解和资料查询，简要描述 MF47 型万用表的使用方法和工作原理，写出各测量档位的电路原理。MF47 型万用表外观如图 8-1 所示，电路板如图 8-2 所示。

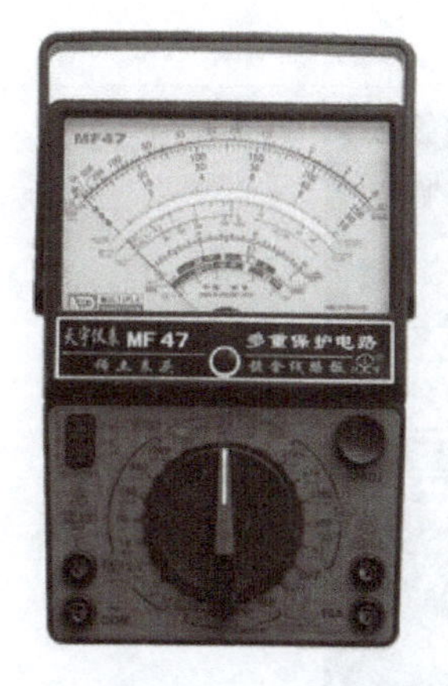

图 8-1　MF47 型万用表外观

图 8-2　MF47 型万用表电路板

二、识读电路原理图

MF47 型万用表电路原理如图 8-3 所示。

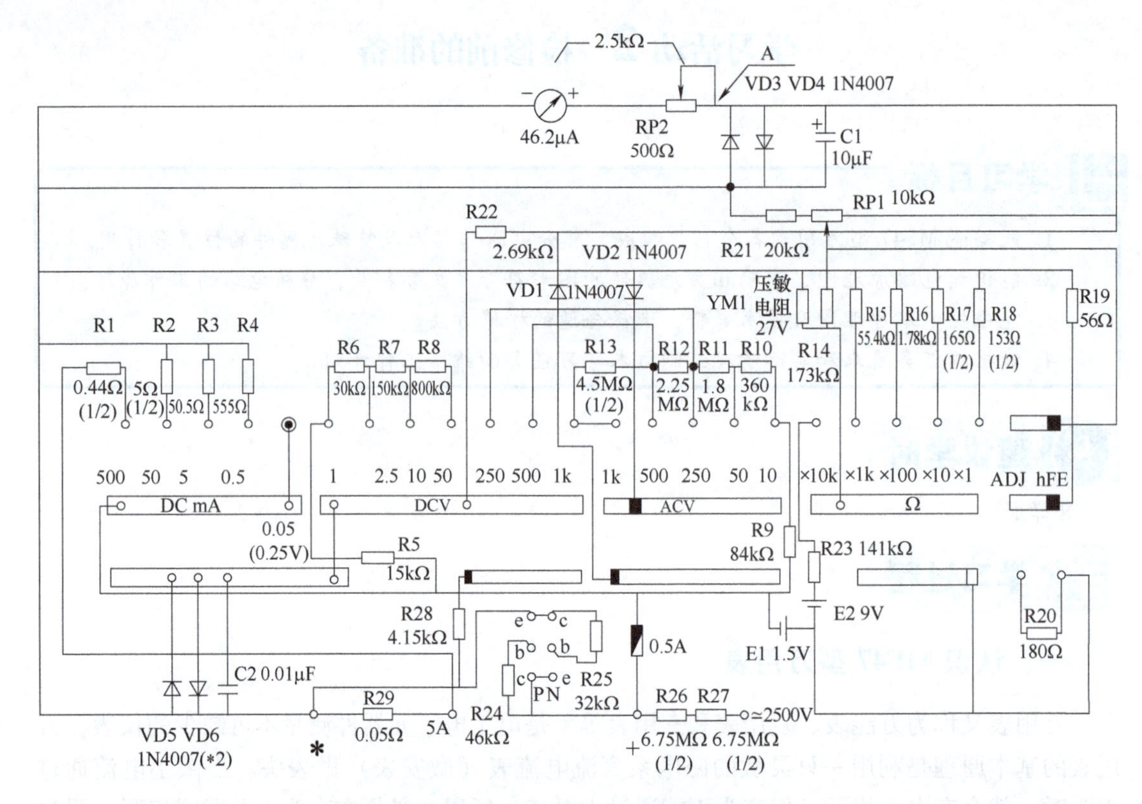

图 8-3　MF47 型万用表电路原理

1. 认识 MF47 型万用表面板功能

查阅相关资料，补全图 8-4 所示各编号的功能，并填入表 8-3 中。

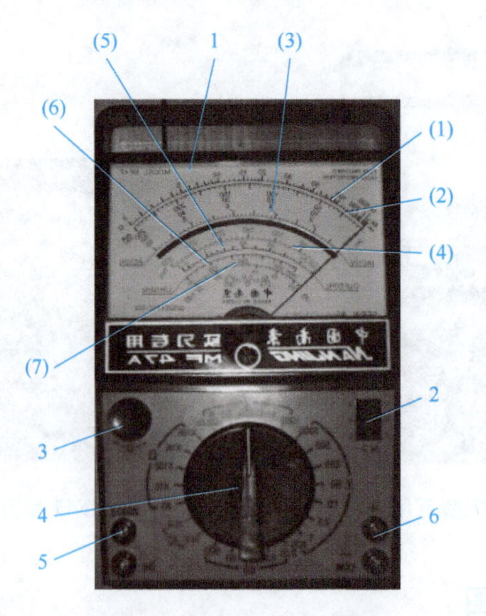

图 8-4　MF47 型万用表面板

表8-3　MF47型万用表面板各部分的功能

代号	功　能	代号	功　能
1		(1)	
2		(2)	
3		(3)	
4		(4)	
5		(5)	
6		(6)	
		(7)	

2. 基本测量原理

(1) 测量直流电流的原理

如图8-5所示，通过转换开关，使万用表内的表头并联一个适当阻值的电阻（称分流电阻）进行分流就可以扩展电流量程。

【练习1】：某表头满量程是50μA，表头内阻1kΩ，现在要求扩展电流量程为5mA，分流电阻R的阻值应选择多少欧姆？

(2) 测量直流电压的原理

如图8-6所示，通过转换开关，使万用表内的表头串接一个适当阻值的电阻进行减压，就可以扩展电压量程。

【练习2】：有一块50μA、内阻1kΩ的表头，现要使它成为最大量程为5V的电压表，问需串接一个多大阻值的电阻？

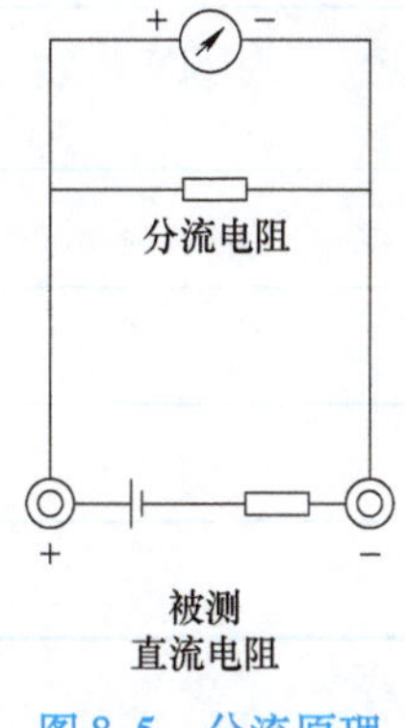

图8-5　分流原理

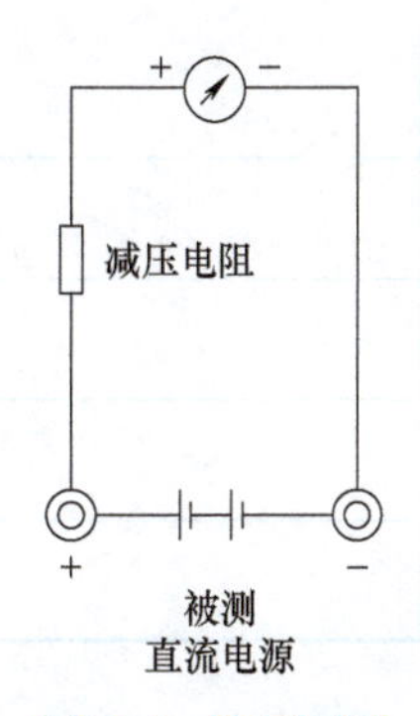

图8-6　分压原理

（3）测量交流电压的原理

因为万用表表头是直流电表，所以测量交流电压时，首先得将交流电压变换为直流电压，然后再通过表头指示，如图 8-7 所示。

（4）测量电阻的原理

如图 8-8 所示，在表头上并联和串联适当的电阻，同时串接一节电池，电池的负极接万用表的正表笔。当用万用表的表笔去测量电阻时，流过被测电阻的电流，其大小随着被测电阻的阻值变化而改变，且与流过表头的电流成比例，因而可以测量出被测电阻的阻值。图中 RP 是调零电阻。表内等效电阻 R_g、RP、R2、R1 串并联后的总电阻称为表头中心等效电阻，改变表头中心等效电阻的阻值（实际只改变 R1 的阻值）就能改变电阻测量的量程。

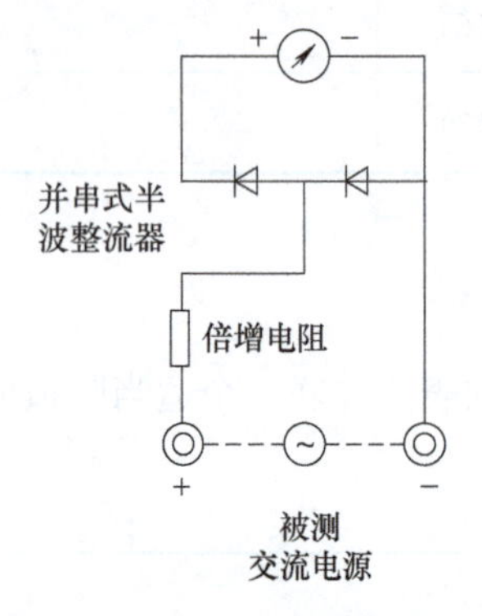

图 8-7　测交流电压原理

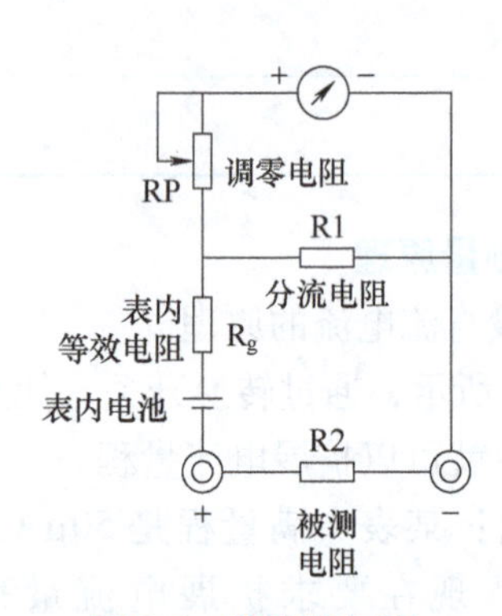

图 8-8　测电阻原理

三、电路原理分析

1）识读 MF47 型万用表电路原理图，在图中圈出电阻表部分电路。

2）通过听教师讲解和查阅资料，完成表 8-4。

表 8-4　电路中各元器件的功能及作用

元　器　件	作　　用	功能描述
E2 9V 电源		
R23		
R15、R16、R17、R18		
YM1 压敏电阻		
R14、RP1、R21		
VD3、VD4		
RP2		

四、制订工作计划

根据任务要求和电路图分析，结合故障的实际情况，完成表8-5。

表8-5　维修工作计划

"MF47型万用表电阻档故障检测与维修"工作计划

一、人员分工

1. 小组负责人：________________

2. 小组成员及分工

姓　名	分　工

二、工具及材料清单

序号	工具、仪表和材料名称	单位	数量	备　注

三、工序及工期安排

序号	工 作 内 容	完成时间	备　注

四、安全防护措施

五、评价

以小组为单位，展示本组制订的工作计划，然后在教师点评基础上对工作计划进行修改完善，并根据表8-6中的评分标准进行评分。

表8-6 测评表

序号	评价内容	分 值	评 分		
			自我评价	小组评价	教师评价
1	计划制订是否有条理	10分			
2	计划是否全面、完善	10分			
3	人员分工是否合理	10分			
4	任务要求是否明确	20分			
5	工具清单是否正确、完整	20分			
6	材料清单是否正确、完整	20分			
7	团结协作	10分			
合 计		100分			

学习活动 3　现场检修

学习目标

1. 能正确测量元器件，并用万用表判断好坏。
2. 能根据电路原理图，对故障部件进行检查和分析电路。
3. 能正确使用万用表进行线路检测，完成故障修复并正常使用，交付验收。
4. 检修后能按照管理规定清理检修现场。

建议学时

12 学时

学习过程

一、元器件好坏检测

根据前面所学知识，正确识别元器件，并会判断其好坏，将检测结果填入表 8-7 中。

表 8-7　元器件检测表

代号	名称	实物照片	规格	检 测 结 果	是否可用
RP2	电位器		500Ω、0.25W	最大电阻______，电阻是否可调______	
RP1	电位器		10kΩ、0.25W	最大电阻______，电阻是否可调______	
C1	电解电容器		10μF	量程______	
R23	碳膜电阻器		141kΩ	量程______、电阻值______	
R15	碳膜电阻器		55.4kΩ	量程______、电阻值______	
R16	碳膜电阻器		1.78kΩ	量程______、电阻值______	
R17	碳膜电阻器		165Ω	量程______、电阻值______	
R18	碳膜电阻器		153Ω	量程______、电阻值______	
R14	碳膜电阻器		17.3kΩ	量程______、电阻值______	
R21	碳膜电阻器		20kΩ	量程______、电阻值______	
YM1	压敏电阻		27V	量程______、电阻值______	
VD3、VD4	二极管		1N4007	量程______、正向电阻值______ 反向电阻值______	

注意：在使用万用表电阻档测量元器件阻值时，两只手不能同时触摸到元器件的两个引脚，另外应正确选择量程。

二、排除线路故障

1）根据上一活动中的初步判断，采用适当的检查方法，找出故障点并排除。在排除故障过程中，严格执行安全操作规范，文明作业、安全作业，将检修过程记录在表8-8中。

表8-8　检修过程记录表

步骤	测试内容	测试结果	结论和下一步措施

【示例】：对于$R\times1k$档，测量50kΩ电阻时，指针指在刻度值为0的位置上，无法测量电阻阻值，其他电阻档测量正常，将实际检修过程记录在表8-9中。

表8-9　检修万用表$R\times1k$档过程记录表

步骤	测试内容	测试结果	结论和下一步措施
1	档位调至$R\times1k$档测量100kΩ电阻	指针都在刻度值0的位置，调至$R\times10k$，指针在10的位置，阻值正确	$R\times1$、$R\times10$、$R\times100$、$R\times10k$都正常，故障可能在R15电阻部分
2	用电阻法在线路上测量R15两端电阻	R15阻值为0	结论为R15被击穿短路损坏

2）故障排除后，应当做哪些工作？

三、自检、互检和试机

故障检修完毕后，进行自检、互检，经教师同意，通电试机。

1）查阅资料，思考一下，检修任务完成后的自检、测量与维修任务有哪些异同？

2）记录自检和互检的情况，完成表8-10。

表8-10　自检和互检记录表

故障范围是否正确		检查方法是否正确		是否修复故障	
自　检	互　检	自　检	互　检	自　检	互　检

四、设备验收

1）在验收阶段，各小组派出代表进行交叉验收，并填写表8-11。

表8-11　验收过程问题记录表

验收问题	整改措施	完成时间	备　注

2）将学习活动1中的维修工作任务单填写完整。

五、其他故障分析与练习

1）除了本学习任务涉及的故障现象外，实际应用中，MF47型万用表还可能出现其他各种各样的故障。表8-12中是万用表几种常见的故障现象，查询相关资料，分析故障原因，判断故障范围并简述处理方法，在教师指导下，进行实际排故训练。

表8-12　故障分析及检修记录表

故障现象	故障范围	故障原因	处理方法
$R\times10$k档损坏			
$R\times1$档损坏			
$R\times10$档损坏			
$R\times100$档损坏			
所有电阻档损坏			

2）故障分析与检修完毕，进行自检和互检，根据测试内容填写表8-13。

表8-13 故障排除确认表

序号	故障现象	故障范围是否正确		检修方法是否正确		是否修复故障	
		自检	互检	自检	互检	自检	互检
1							
2							
3							
4							
5							

六、评价

以小组为单位，展示本组维修成果，根据表8-14进行评分。

表8-14 任务测评表

评分内容		分值	评分		
			自我评分	小组评分	教师评分
故障分析	能进行故障分析，思路清晰（10分）	20分			
	能准确标出最小故障范围（10分）				
故障排除	用正确的方法排除故障点（30分）	50分			
	检修中不扩大故障范围或产生新的故障，一旦发生，能及时自行修复（10分）				
	工具、设备无损伤（10分）				
通电调试	设备正常运转，无故障（10分）	20分			
	故障未排除的，及时独立发现问题并解决（10分）				
安全文明生产	遵守安全文明生产规程（5分）	10分			
	检修完成后，认真清理现场（5分）				
检修额定用时：______，实际用时：______，超时扣分：______					
合计					

学习活动 4　总结与评价

学习目标

1. 能以小组形式，学会对本学习任务的学习过程和实训成果进行汇报总结。
2. 能正确填写任务综合能力评价表，对学习过程中各项内容进行综合评价。
3. 学会检测故障的步骤，能够正确分析故障现象，找到故障点，检测判断元器件的好坏。
4. 学会团队合作，互相讨论学习体会，不断提升综合维修能力。

建议学时

6 学时

学习过程

一、工作总结

以小组为单位，选择演示文稿、展板、海报、录像等形式中的一种或几种，向全班同学展示、汇报自己的学习成果。

二、综合能力评价

按照“客观、公正和公平”原则，在教师的指导下按自我评价、小组评价和教师评价三种方式对自己或他人在本学习任务中的表现进行综合评价，见表8-15。

表8-15　任务综合能力评价表

评价项目	评价标准	配分	评价分数		
			自我评价	小组评价	教师评价
职业素养（30%）	劳动保护用品穿戴完备，仪容仪表符合工作要求	5分			
	安全意识、责任意识强，服从工作安排	5分			
	积极参加教学活动，按时完成各项学习任务	5分			
	团队合作意识强，善于与他人交流和沟通	5分			
	自觉遵守劳动纪律，尊敬教师，团结同学	5分			
	爱护公物，节约材料，维修现场符合“6S”标准	5分			
专业能力（40%）	专业知识扎实，掌握相关理论知识，有较强的自学能力	10分			
	操作积极、训练刻苦，具有一定的检修能力	10分			
	技能操作规范，注重维修工艺，工作效率高	10分			
	检测故障手段多样，判断故障点准确，会判断元器件好坏	10分			
工作成果（30%）	产品维修符合工艺规范、产品功能满足要求	20分			
	工作总结符合要求、维修成本低、顾客满意度高	10分			
总分		100分			
创新能力	学习过程中提出具有创新性、可行性的建议	加分奖励			
总评	自我评价×20%＋小组评价×20%＋教师评价×60%＝	综合等级	教师（签名）：		
班级		学号		姓名	

注：考核综合等级分为A（90～100分）、B（80～89分）、C（70～79分）、D（60～69分）、E（0～59分）五个等级。

学习任务9

触摸振动报警器不闪烁故障检测与维修

学习目标

完成本学习任务后，学生应当做到：

1. 能通过阅读维修工作任务单和观察实物，记录故障现象，明确维修工作任务要求。
2. 会根据常见电子设备故障的检修过程、检修原则、检修思路、常用检修方法，完成电路的故障检修。
3. 会描述触摸振动报警器电路的结构、工作原理；掌握相关元器件的特点、功能、测量方法。
4. 能根据任务要求，列出所需工具、仪表和材料清单并做好准备，会制订合理的工作计划。
5. 能根据故障现象判断故障点，并按照任务要求和相关工艺要求，完成电路的各工作点的测试，对电路进行通电调试。
6. 能在规定时间内完成维修任务，会填写维修过程记录单，整理资料存档。
7. 能按电工作业规程，作业完毕后按照“6S”管理规定清理检修现场。

建议学时

30 学时

工作情境描述

某学校保卫处有5台触摸振动报警器出现了不闪烁的故障，现需要电子技术专业学生在规定时间内完成报警器的故障维修，并根据电路原理图领取维修所需的元器件，按安全生产管理规定完成报警器的故障维修，并交给相关人员验收。

工作流程与活动

学习活动1　明确工作任务（4学时）
学习活动2　检修前的准备（8学时）
学习活动3　现场检修（12学时）
学习活动4　总结与评价（6学时）

学习活动 1　明确工作任务

学习目标

1. 能通过阅读维修工作任务单，明确工作内容、工时等要求。
2. 能描述触摸振动报警器电路的应用场合。
3. 能描述触摸振动报警器电路的组成结构、作用。
4. 能对触摸振动报警器电路进行现场测试，正确填写设备维修工作任务单。

建议学时

4 学时

学习过程

一、明确维修工作任务

1）请认真阅读工作情境描述，查阅相关资料，依据故障现象描述或现场观察，组织语言自行填写表 9-1。

表 9-1　维修工作任务单

报修记录					
报修部门	某学校保卫处	报修人		报修时间	
报修级别	□特急　☑急　□一般			希望完工时间	
故障设备	报警器	设备编号		故障时间	
故障现象	报警器外观没有损坏，但不闪烁，没有报警声音				
维修要求	恢复报警器闪烁及能发出报警声的功能				
维修记录					
接单人及时间			预定完工时间		
派工					
故障原因					
维修类别		□小修	□中修	□大修	
维修情况					
维修起止时间			工时总计		
耗材名称	规格	数量	耗材名称	规格	数量
维修人员建议					
验收记录					
验收部门	维修开始时间		完工时间		
	维修结果		验收人：	日期：	
设备部门			验收人：	日期：	

2）根据工作情境描述，模拟实际场景进行沟通交流，写出本次任务客户需求的要点。

二、调查故障及勘察维修现场

通过现场勘察、咨询，填写勘察维修现场记录表，见表9-2。

表9-2　勘察维修现场记录表

序　号	调查内容	情况记录
1	触摸振动报警器购买时间	
2	使用频次	
3	以前是否出现过故障	
4	曾经维修情况	
5	维修时间	
6	本次故障现象（与客户沟通交流获取信息）	
7	备用电源是否正常	
8	勘察时间	
9	勘察地点	
10	备注	

小提示

现场勘察注意事项：

1）要先进行触摸振动报警器电池的观察，查看是否有电池液泄露。

2）进行6V电池的电压检查，看是否满足要求。

3）注意NE555引脚排序，查阅相关参数，以免误判。

4）用直流电压来测试扬声器好坏时，不要超出电压范围，也不要长时间接通测试，以免损坏。

学习活动 2　检修前的准备

学习目标

1. 能描述触摸振动报警器各个组成部分作用以及特殊元器件的位置和作用。

2. 能正确识读电路原理图，明确相关元器件的图形符号、文字符号，分析电路的工作原理。

3. 能根据电路原理图及技术资料，选择合适的检修方法。

4. 能根据任务要求和实际情况，制订电子产品维修工作计划。

建议学时

8 学时

学习过程

一、认识触摸振动报警器

触摸振动报警器具有触摸延时和振动延时报警功能，广泛应用于家庭、单位、电动车的报警功能，请根据报警器的工作原理和操作，结合实地观察、教师讲解和资料查询，简要描述报警器工作流程，写出各主要部件的名称。触摸振动报警器外观如图 9-1 所示，电路板如图 9-2 所示。

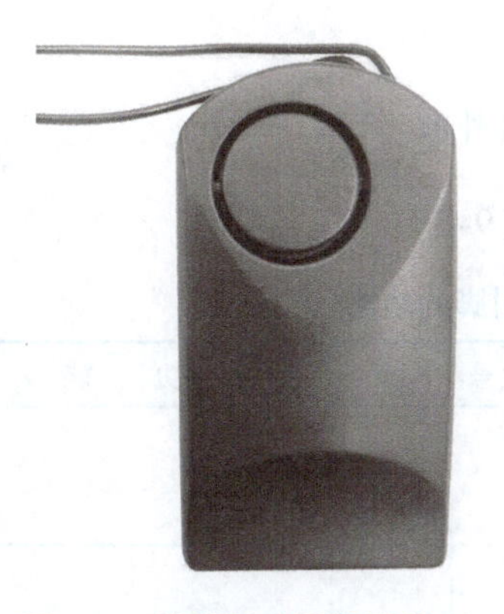

图 9-1　触摸振动报警器外观

图 9-2　触摸振动报警器电路板

二、识读电路原理图

触摸振动报警器电路原理如图 9-3 所示。

1. 认识 NE555

NE555 应用范围很广，但一般以单稳态多谐振荡器及无稳态多谐振荡器的应用电路形式

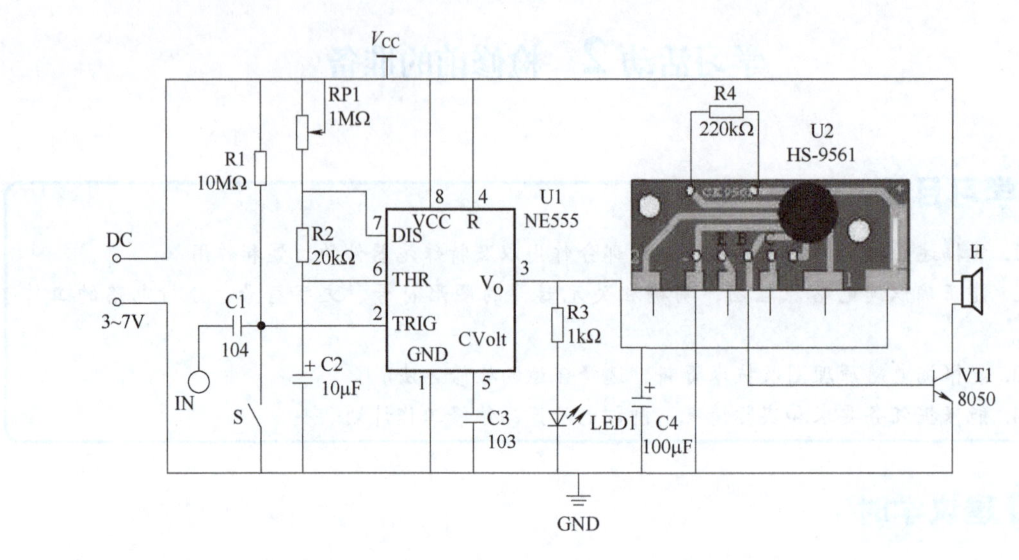

图 9-3　触摸振动报警器电路原理

居多。在触摸振动报警器电路中，NE555 构成单稳态多谐振荡器，用多谐振荡器提供脉冲信号，从而触发报警芯片 HS-9561。NE555 芯片外形如图 9-4 所示，它是报警器的主要控制器件，通过查阅相关资料，对照图片写出其引脚号、作用以及内部元器件的工作原理。

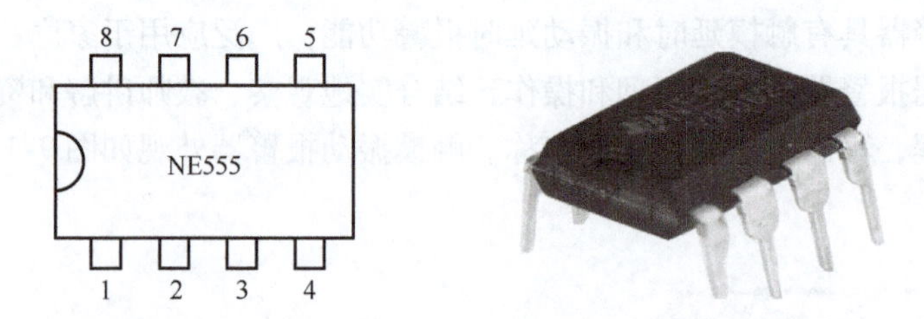

图 9-4　NE555 芯片外形

1）查阅相关资料，补全各引脚的功能，填写表 9-3。

表 9-3　NE555 芯片各引脚的功能

引脚代号	功　能	引脚代号	功　能
1		5	
2		6	
3		7	
4		8	

2）认识 NE555 的内部结构。NE555 内部结构如图 9-5 所示。

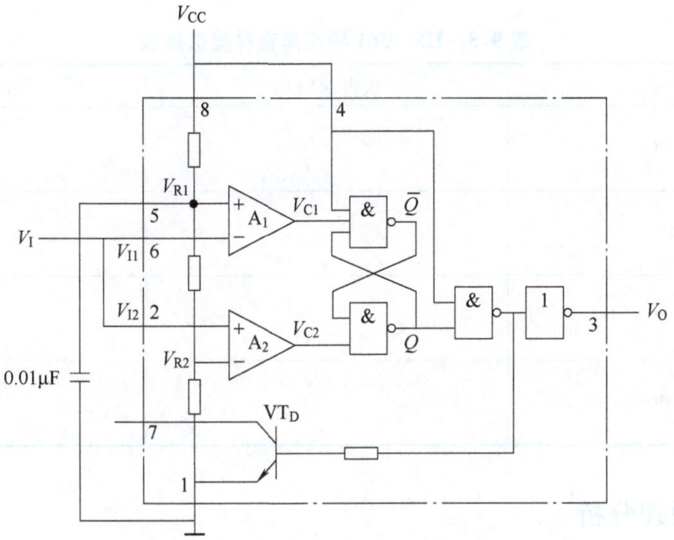

图 9-5　NE555 内部结构

2. 认识 HS-9561

HS-9561 是专为玩具设计生产的小功率大规模集成电路，采用黑胶简易封装。它可以向外输出固定存储的乐曲或模拟声信号。乐曲信号可以在报警器中作为呼叫声，而模拟声信号则可作为报警信号使用，通过查阅相关资料，对照图片分析其引脚作用以及内部元器件的工作原理，如图 9-6 所示。

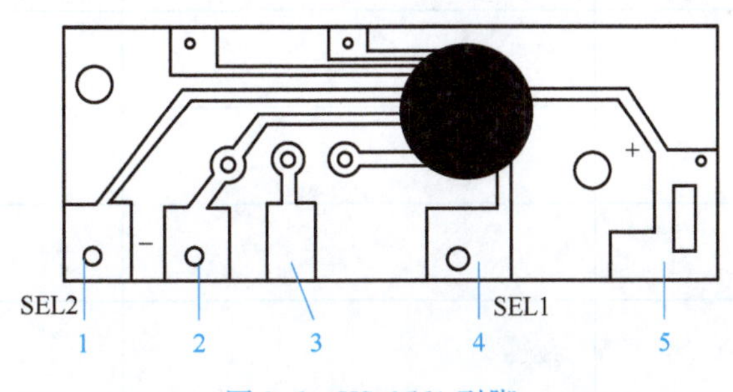

图 9-6　HS-9561 引脚

1）查阅相关资料，将 HS-9561 各引脚功能填写到表 9-4 中。

表 9-4　HS-9561 引脚功能

引脚代号	功　能	引脚代号	功　能
1		4	
2		5	
3			

2）由两个触发脚 SEL1、SEL2 能组合四种声响效果，完成表 9-5 中两个触发脚接通时发出声音的种类。

表 9-5　HS-9561 模拟声音种类选择表

模拟声种类	选声端 SEL1	选声端 SEL2
机关枪声		
警车声		
救护车声		
消防车声		

三、电路原理分析

1）识读触摸报警器电路原理图，在图 9-3 中分别圈出触摸报警电路、振动报警电路、多谐振荡器信号输入电路、信号放大输出电路和报警驱动电路。

2）通过听教师讲解和查阅资料，将电路中各元器件功能及作用填入表 9-6 中。

表 9-6　电路中各元器件功能及作用

元　器　件	作　　用	功 能 描 述
C1、R1		
S		
RP1、R2、C2		
C3		
R3、LED1		
C4		
R4		
VT1		
H		
V_{CC}		

四、制订工作计划

根据任务要求和电路图分析，结合故障的实际情况，完成表9-7。

表9-7　维修工作计划

"触摸振动报警器不闪烁故障检测与维修"工作计划

一、人员分工

1. 小组负责人：________

2. 小组成员及分工

姓　名	分　工

二、工具、仪表及材料清单

序号	工具、仪表或材料名称	单位	数量	备　注

三、工序及工期安排

序号	工 作 内 容	完成时间	备　注

四、安全防护措施

五、评价

以小组为单位，展示本组制订的工作计划，然后在教师点评基础上对工作计划进行修改完善，并根据表9-8中的评分标准进行评分。

表9-8 测评表

序号	评价内容	分值	评分		
			自我评价	小组评价	教师评价
1	计划制订是否有条理	10分			
2	计划是否全面、完善	10分			
3	人员分工是否合理	10分			
4	任务要求是否明确	20分			
5	工具清单是否正确、完整	20分			
6	材料清单是否正确、完整	20分			
7	团结协作	10分			
合计		100分			

学习活动 3　现场检修

学习目标

1. 能正确测量元器件，并用万用表判断好坏。
2. 能根据电路原理图，按照工艺要求分析电路。
3. 能正确使用万用表进行电路检测，完成通电试机，交付验收。
4. 检修后能按照管理规定清理检修现场。

建议学时

12 学时

学习过程

一、元器件好坏检测

根据前面所学知识，正确识别元器件，并会判断其好坏，将检测结果填入表 9-9 中。

表 9-9　元器件检测表

代号	名称	实物照片	规格	检 测 结 果	是否可用
RP1	电位器		1MΩ、0.25W	最大电阻______，电阻是否可调______	
C1	瓷片电容		104	量程______	
C2	电解电容		10μF	量程______	
C3	瓷片电容		103	量程______	
R1	碳膜电阻器		10MΩ	量程______、电阻值______	
R2	碳膜电阻器		20kΩ	量程______、电阻值______	
R3	碳膜电阻器		1kΩ	量程______、电阻值______	
R4	碳膜电阻器		220kΩ	量程______、电阻值______	
H	蜂鸣器		4Ω、0.5W	电阻值______	
LED1	发光二极管		1.5V	量程______	
VT1	晶体管		8050	量程______	
S	开关			量程______	

注意：在使用万用表电阻档测量元器件阻值时，两只手不能同时触摸元器件的两个引脚，另外应正确选择量程。

二、排除线路故障

1）根据上一活动中的初步判断，采用适当的检查方法，找出故障点并排除。在排除故障过程中，要严格执行安全操作规范，文明作业、安全作业，将检修过程记录在表9-10中。

表9-10　检修过程记录表

步骤	测试内容	测试结果	结论和下一步措施

【示例】：接通电源，振动和触摸金属片IN，都没有报警声音故障现象，实际检修过程见表9-11。

表9-11　检修过程记录表

步骤	测试内容	测试结果	结论和下一步措施
1	接通V_{CC}电源，振动和触摸金属片IN	无报警声音	故障部分可能是电源、RP1、R2、C2、NE555
2	用电压法检查8脚和1脚	8脚和1脚电压为3.7V，正常	结论为NE555电压输入正常
3	用示波器检测2脚和3脚	没有振动时为高电平信号；振动报警器，2脚为低电平，3脚为低电平	故障可能在RP1、R2、C2组成的单稳态触发器电路和NE555部分
4	用电阻法分别测量RP1、R2、C2元件	RP1、R2阻值正常，C2电容容量正常	结论为NE555损坏

2）故障排除后，应当做哪些工作？

三、自检、互检和试机

故障检修完毕后，进行自检、互检，经教师同意，通电试机。

1）查阅资料，思考一下，检修任务完成后的自检、试机与维修任务有哪些异同？

2）将自检和互检的情况记录在表9-12中。

表9-12　自检及互检情况记录表

故障范围是否正确		检查方法是否正确		是否修复故障	
自检	互检	自检	互检	自检	互检

四、设备验收

1）在验收阶段，各小组派出代表进行交叉验收，并填写表9-13。

表9-13　验收过程问题记录表

验收问题	整改措施	完成时间	备　注

2）将学习活动1中的维修工作任务单填写完整。

五、其他故障分析与练习

1）除了本学习任务涉及的故障现象外，实际应用中，触摸振动报警器还可能出现其他各种各样的故障。表9-14中是触摸振动报警器几种常见的故障现象，查询相关资料，分析故障原因，判断故障范围并简述处理方法，在教师指导下进行实际排故训练。

表9-14　故障分析及检修记录表

序号	故障现象	故障范围	故障原因	处理方法
1	触摸不报警，振动报警			
2	报警时间太短			
3	报警时LED不闪烁			

2）故障分析与检修完毕，进行自检和互检，根据故障检修的内容，将自检及互检情况记录在表9-15中。

表 9-15　自检及互检情况记录表

序号	故障现象	故障范围是否正确		检修方法是否正确		是否修复故障	
		自检	互检	自检	互检	自检	互检
1							
2							
3							
4							
5							
6							

六、评价

以小组为单位，展示本组检修成果，根据表 9-16 进行评分。

表 9-16　任务测评表

评分内容		分值	评分		
			自我评分	小组评分	教师评分
故障分析	能进行故障分析，思路清晰（10 分）	20 分			
	能准确标出最小故障范围（10 分）				
故障排除	能用正确的方法排除故障点（30 分）	50 分			
	检修中不扩大故障范围或产生新的故障，一旦发生，能及时自行修复（10 分）				
	工具、设备无损伤（10 分）				
通电调试	设备正常运转，无故障（10 分）	20 分			
	故障未排除的，及时独立发现问题并解决（10 分）				
安全文明生产	遵守安全文明生产规程（5 分）	10 分			
	检修完成后，认真清理现场（5 分）				
检修额定用时：______，实际用时：______，超时扣分：______					
合　计					

学习活动 4　总结与评价

学习目标

1. 能以小组形式，学会对本学习任务的学习过程和实训成果进行汇报总结。
2. 能正确填写任务综合能力评价表，对学习过程中各项内容进行综合评价。
3. 学会检测故障的步骤，能够正确分析故障现象，找到故障点，检测判断元器件的好坏。
4. 学会团队合作，互相讨论学习体会，不断提升综合维修能力。

建议学时

6 学时

学习过程

一、工作总结

以小组为单位，选择演示文稿、展板、海报、录像等形式中的一种或几种，向全班展示、汇报学习成果。

二、综合能力评价

按照“客观、公正和公平”原则，在教师的指导下按自我评价、小组评价和教师评价三种方式对自己或他人在本学习任务中的表现进行综合评价，见表9-17。

表9-17　任务综合能力评价表

评价项目	评价标准	配分	评价分数		
			自我评价	小组评价	教师评价
职业素养（30%）	劳动保护用品穿戴完备，仪容仪表符合工作要求	5分			
	安全意识、责任意识强，服从工作安排	5分			
	积极参加教学活动，按时完成各项学习任务	5分			
	团队合作意识强，善于与他人交流和沟通	5分			
	自觉遵守劳动纪律，尊敬教师，团结同学	5分			
	爱护公物，节约材料，维修现场符合“6S”标准	5分			
专业能力（40%）	专业知识扎实，掌握相关理论知识，有较强的自学能力	10分			
	操作积极、训练刻苦，具有一定的检修能力	10分			
	技能操作规范，注重维修工艺，工作效率高	10分			
	检测故障手段多样，判断故障点准确，会判断元器件好坏	10分			
工作成果（30%）	产品维修符合工艺规范、产品功能满足要求	20分			
	工作总结符合要求、维修成本低、顾客满意度高	10分			
总分		100分			
创新能力	学习过程中提出具有创新性、可行性的建议	加分奖励			
总评	自我评价×20%＋小组评价×20%＋教师评价×60%＝	综合等级	教师（签名）：		
班级	学号		姓名		

注：考核综合等级分为A（90～100分）、B（80～89分）、C（70～79分）、D（60～69分）、E（0～59分）五个等级。

学习任务10

遥控电风扇风速档位失灵故障检测与维修

学习目标

完成本学习任务后，学生应当做到：

1. 能通过阅读维修工作任务单和观察实物，记录故障现象，明确维修工作任务要求。
2. 会根据常见电子设备故障的检修过程、检修原则、检修思路、常用检修方法，能完成电路的故障检修。
3. 会描述遥控电风扇电路的结构、工作原理；掌握相关元器件的特点、功能、测量方法。
4. 能根据任务要求，列出所需工具、仪表和材料清单并做好准备，会制订合理的工作计划。
5. 能根据故障现象判断故障点，并按照任务要求和相关工艺要求，完成电路各工作点的测试，对电路进行通电调试。
6. 能在规定时间内完成维修任务，会填写维修过程记录单，整理资料存档。
7. 能按电工作业规程，作业完毕后按照“6S”管理规定，清理检修现场。

建议学时

30 学时

工作情境描述

某学校办公室有5台遥控电风扇出现风速档位失灵的故障，现需要电子技术专业的学生在规定时间内完成对遥控电风扇故障维修，并根据电路原理图领取维修所需要的元器件，按安全生产管理规定，完成遥控电风扇电路的故障维修，并交给相关人员验收。

工作流程与活动

学习活动1　明确工作任务（4 学时）
学习活动2　检修前的准备（8 学时）
学习活动3　现场检修（12 学时）
学习活动4　总结与评价（6 学时）

学习活动 1　明确工作任务

学习目标

1. 能通过阅读维修工作任务单，明确工作内容、工时等要求。
2. 能描述遥控电风扇电路的工作原理。
3. 能描述遥控电风扇电路的组成结构、作用。
4. 能对遥控电风扇故障进行现场测试及判断。

建议学时

4 学时

学习过程

一、明确维修工作任务

1）请认真阅读工作情境描述，查阅相关资料，依据故障现象描述或现场观察，组织语言自行填写表 10-1。

表 10-1　维修工作任务单

<table>
<tr><td colspan="6">报修记录</td></tr>
<tr><td>报修部门</td><td>某学校办公室</td><td>报修人</td><td></td><td>报修时间</td><td></td></tr>
<tr><td>报修级别</td><td colspan="2">□特急　☑急　□一般</td><td colspan="2">希望完工时间</td><td></td></tr>
<tr><td>故障设备</td><td>遥控电风扇</td><td>设备编号</td><td></td><td>故障时间</td><td></td></tr>
<tr><td>故障现象</td><td colspan="5">遥控电风扇外观良好，无破损，上电指示灯亮，电风扇摆头正常，按遥控器或控制面板风速按钮，低、高速正常，中速无反应，电动机不转动</td></tr>
<tr><td>维修要求</td><td colspan="5">按电风扇控制面板和遥控器，能正常开关电风扇，各档风速正常，无杂音，且电风扇控制面板和遥控器上各功能键正常</td></tr>
<tr><td colspan="6">维修记录</td></tr>
<tr><td>接单人及时间</td><td colspan="2"></td><td colspan="2">预定完工时间</td><td></td></tr>
<tr><td>派工</td><td colspan="2"></td><td colspan="2"></td><td></td></tr>
<tr><td>故障原因</td><td colspan="5"></td></tr>
<tr><td>维修类别</td><td colspan="5">□小修　　□中修　　□大修</td></tr>
<tr><td>维修情况</td><td colspan="5"></td></tr>
<tr><td>维修起止时间</td><td colspan="2"></td><td colspan="2">工时总计</td><td></td></tr>
<tr><td>耗材名称</td><td>规格</td><td>数量</td><td>耗材名称</td><td>规格</td><td>数量</td></tr>
<tr><td></td><td></td><td></td><td></td><td></td><td></td></tr>
<tr><td></td><td></td><td></td><td></td><td></td><td></td></tr>
<tr><td>维修人员建议</td><td colspan="5"></td></tr>
<tr><td colspan="6">验收记录</td></tr>
<tr><td rowspan="2">验收部门</td><td>维修开始时间</td><td></td><td>完工时间</td><td colspan="2"></td></tr>
<tr><td>维修结果</td><td></td><td>验收人：</td><td colspan="2">日期：</td></tr>
<tr><td colspan="2">设备部门</td><td></td><td>验收人：</td><td colspan="2">日期：</td></tr>
</table>

2）根据工作情境描述，模拟实际场景进行沟通交流，写出本次任务客户需求的要点。

二、调查故障及勘察维修现场

通过现场勘察、咨询，填写勘察维修现场记录表，见表10-2。

表10-2　勘察维修现场记录表

序　号	调查内容	情况记录
1	遥控电风扇购买时间	
2	使用频次	
3	以前是否出现过故障	
4	曾经维修情况	
5	维修时间	
6	本次故障现象（与客户沟通交流获取信息）	
7	220V电源是否正常	
8	勘察时间	
9	勘察地点	
10	备注	

小提示

现场勘察注意事项：

1）由于遥控电风扇一般是用在住户或办公场所，进入住户时要注意卫生，征求用户是否要换鞋。

2）要先进行电源测量来判断设备是否有电，再确定电风扇的好坏。

3）检查电路板的时候，一定要断开电源，以免触电。

4）更换元器件时，要保证焊点的光滑性和牢固性。

5）拆卸和安装电风扇时，要保证外壳完好，不能有刮花和损坏的现象。

学习活动 2 检修前的准备

学习目标

1. 能描述遥控电风扇各个组成部分及其作用以及特殊元器件的位置和作用。

2. 能正确识读遥控电风扇电路原理图，明确相关元器件的图形符号、文字符号，分析电路的工作原理。

3. 能根据遥控电风扇电路原理图及技术资料，选择合适的检修方法。

4. 能根据任务要求和实际情况，制订遥控电风扇故障维修工作计划。

建议学时

8 学时

学习过程

一、认识遥控电风扇

电风扇是一种通过电动机驱动扇叶旋转，来达到清凉解暑和空气疏通的家用电器，请根据电风扇的工作原理和操作，结合实地观察、教师讲解和资料查询，简要描述电风扇工作流程，写出各主要部件的名称。遥控电风扇外观如图 10-1 所示，电路板如图 10-2 所示。

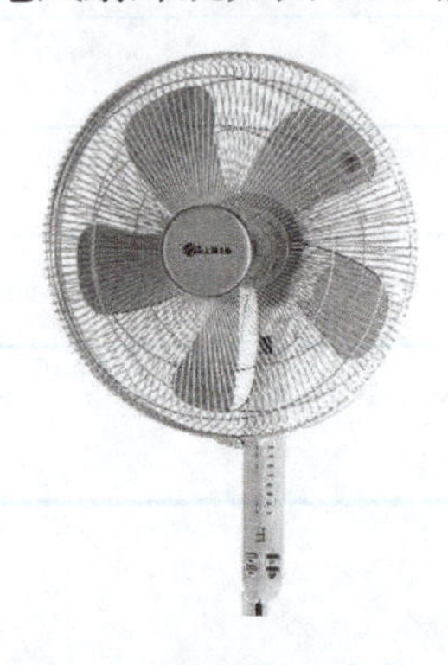

图 10-1 遥控电风扇外观

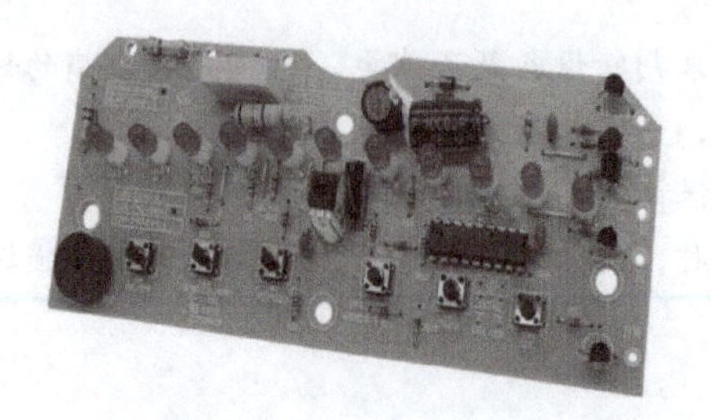

图 10-2 遥控电风扇电路板

二、识读电路原理图

遥控电风扇电路原理如图 10-3 所示。

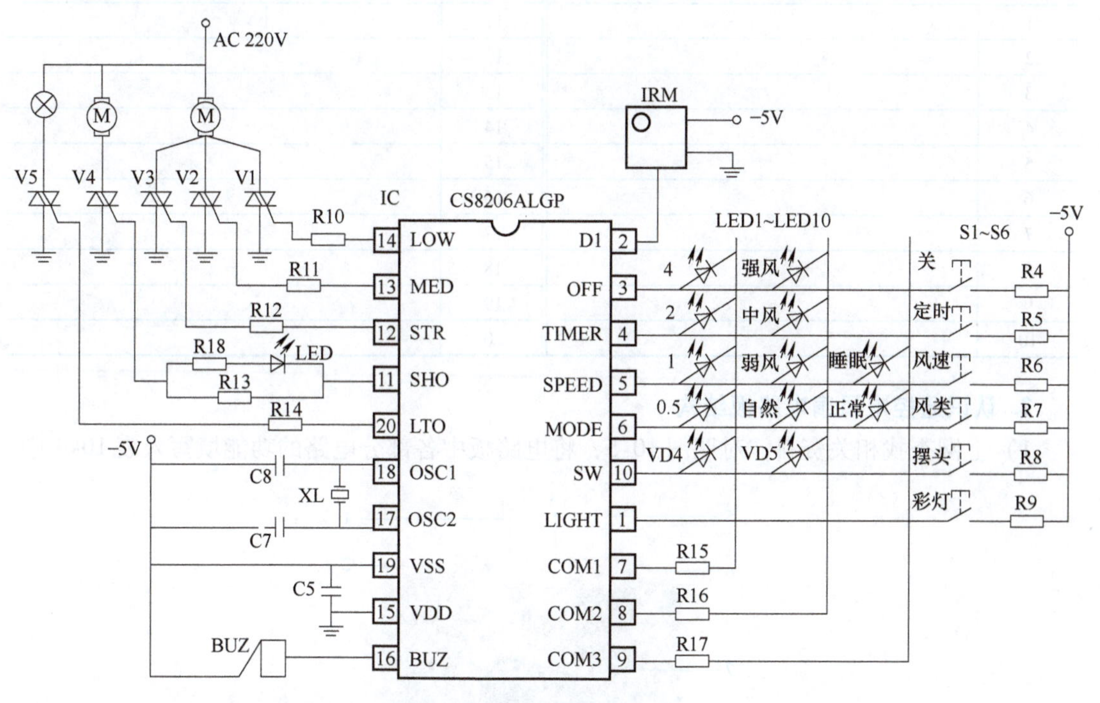

图 10-3　遥控电风扇电路原理

1. 认识 CS8206ALGP 红外遥控接收集成块

1）CS8206 系列电风扇控制电路是以电子式的触控开关和定时器取代传统机械式开关和定时器，除了保留原有传统电风扇的正常风及定时功能外，又增加了自然风和睡眠风设计，提供一组摆头功能和一组彩灯控制功能（有“L”），强化了电风扇的功能，可实现红外遥控。它是电风扇的核心器件，通过查阅相关资料，对照图 10-4，分析其引脚作用以及内部元器件的工作原理。

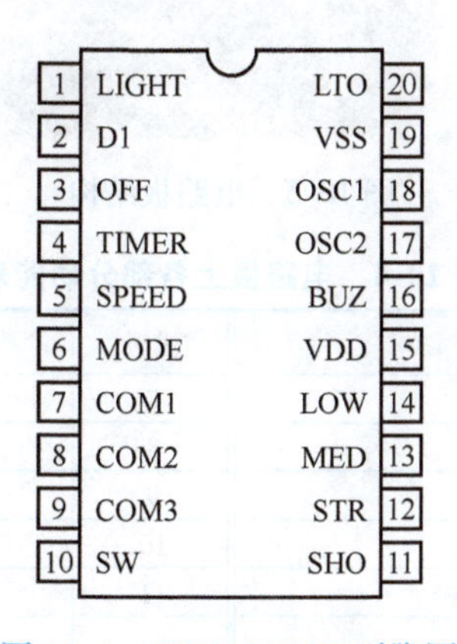

图 10-4　CS8206ALGP 引脚图

2）查阅相关资料，将 CS8206ALGP 各引脚的功能填写入表 10-3 中。

表 10-3　CS8206ALGP 引脚的功能

引脚代号	功　能	引脚代号	功　能
1		11	
2		12	
3		13	
4		14	
5		15	
6		16	
7		17	
8		18	
9		19	
10		20	

2. 认识遥控电风扇电路板结构

1）上网查找相关资料，对照图 10-5，将电路板中各部分电路的功能填写入表 10-4 中。

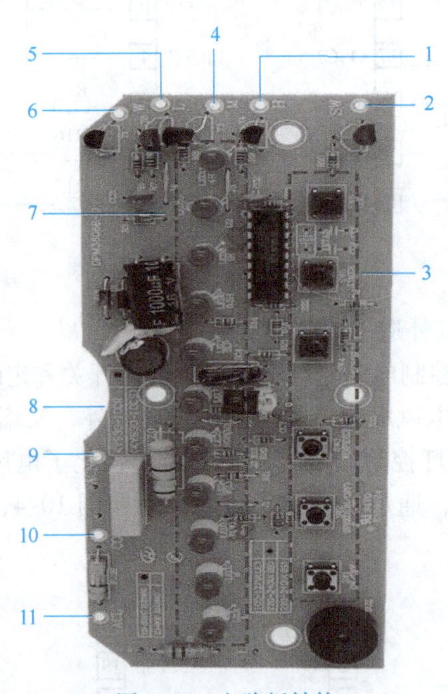

图 10-5　电路板结构

表 10-4　电路板上各部分功能表

代号	功　能	代号	功　能
1		7	
2		8	
3		9	
4		10	
5		11	
6			

2）分析双向晶闸管的工作原理。

三、电路原理分析

1）识读遥控电风扇电路原理图，在图中分别圈出电源输入电路、功能键输入电路、输出电路、驱动导通电路等。

2）通过听教师讲解和查阅资料，填写表10-5。

表10-5　电路中各元器件功能及作用

元　器　件	作　　用	功能描述
S1、R4		
S2、R5		
S3、R6		
S4、R7		
S5、R8		
S6、R9		
R15		
R16		
R17		
IRM		
C5		
C7		
C8		
XL		
R14		
R13		
R18、LED		
R12		
R11		
R10		
V1		
V2		
V3		
V4		
V5		
LED1～LED10		

四、制订工作计划

根据任务要求和电路图分析，结合故障的实际情况，完成表10-6。

表10-6 维修工作计划

"遥控电风扇风速档失灵故障检测与维修"工作计划

一、人员分工

1. 小组负责人：________

2. 小组成员及分工

姓　名	分　工

二、工具及材料清单

序号	工具、仪表和材料名称	单位	数量	备　注

三、工序及工期安排

序号	工作内容	完成时间	备　注

四、安全防护措施

五、评价

以小组为单位，展示本组制订的工作计划，然后在教师点评基础上对工作计划进行修改完善，并根据表 10-7 中的评分标准进行评分。

表 10-7　测评表

序号	评价内容	分　值	评　分		
			自我评价	小组评价	教师评价
1	计划制订是否有条理	10 分			
2	计划是否全面、完善	10 分			
3	人员分工是否合理	10 分			
4	任务要求是否明确	20 分			
5	工具清单是否正确、完整	20 分			
6	材料清单是否正确、完整	20 分			
7	团结协作	10 分			
合　计		100 分			

学习活动 3　现场检修

学习目标

1. 能正确测量元器件，并用万用表判断好坏。
2. 能根据电路原理图，按照工艺要求分析电路。
3. 能正确使用万用表进行电路检测，完成通电试机，交付验收。
4. 检修后能按照管理规定清理检修现场。

建议学时

12 学时

学习过程

一、元器件好坏检测

根据前面所学知识，正确选择元器件，并判断其好坏，将检测结果填入表 10-8 中。

表 10-8　元器件检测表

代号	名称	实物照片	规格	检测结果	是否可用
IRM	红外线接收器		38kHz	量程______	
S1 ~ S6	微动按钮		6mm × 6mm	量程______、电阻值______	
R15 ~ R17	碳膜电阻器		100Ω、0.25W	量程______、电阻值______	
R10 ~ R14	碳膜电阻器		470Ω、0.25W	量程______、电阻值______	
R18	碳膜电阻器		560Ω、0.25W	量程______、电阻值______	
C5	电解电容器		47μF、10V	量程______	
C7、C8	瓷片电容器		100pF	量程______	
XL	晶振		455kHz	量程______	
R4 ~ R9	碳膜电阻器		10kΩ、0.25W	量程______、电阻值______	
BUZ	蜂鸣片		ϕ27mm	量程______、电阻值______	
LED1 ~ LED10	发光二极管		ϕ3mm × 11mm	量程______、正向电阻值______反向电阻值______	
VD4、VD5	开关二极管		1N4148	量程______、正向电阻值______反向电阻值______	
V1 ~ V5	双向晶闸管		MAC97A6	量程______	

注意：在使用万用表电阻档测量元器件两引脚电阻时，两只手不能同时触及元器件的两引脚。

二、排除线路故障

1）根据上一活动中的初步判断，采用适当的检查方法，找出故障点并排除。在排除故障过程中，严格执行安全操作规范，文明作业、安全作业，将检修过程情况记录在表10-9中。

表10-9　故障排除情况记录表

步骤	测试内容	测试结果	结论和下一步措施

【示例】：接通电源，按下电风扇控制面板或遥控器风速按钮，低、高速档时电动机工作正常，中速档时指示灯亮，但电风扇不转动，实际检修过程见表10-10。

表10-10　遥控电风扇中速档失灵检修过程

步骤	测试内容	测试结果	结论和下一步措施
1	接通电源	开机发出“嘀嘀”声响，除了中速档不工作，其他都正常	电源、CS8206芯片工作正常，中速档LED指示灯也正常，故障可能在CS8206 13脚之后的部分
2	按下风速开关3次，用示波器检查12脚、13脚和14脚脉冲信号	各脚脉冲信号如下： 按下第1次，测14脚，有脉冲信号 按下第2次，测13脚，有脉冲信号 按下第3次，测12脚，有脉冲信号	结论为CS8206的13脚脉冲正常，故障是R11和V2损坏
3	用电阻法分别检测R11、V2	R11电阻值为470Ω，正常；双向晶闸管V的门极G与阴极K两脚电阻为无穷大	结论为V2双向晶闸管损坏

2）故障排除后，应当做哪些工作？________________

____

____

三、自检、互检和试机

故障检修完毕后，进行自检、互检，经教师同意后，通电试机。

1）查阅资料，思考一下，检修任务完成后的自检、试机与维修任务有哪些异同？

2）将自检和互检的情况记录在表 10-11 中。

表 10-11　自检和互检情况记录表

故障范围是否正确		检查方法是否正确		是否修复故障	
自检	互检	自检	互检	自检	互检

四、设备验收

1）在验收阶段，各小组派出代表进行交叉验收，并填写表 10-12。

表 10-12　验收过程问题记录表

验收问题	整改措施	完成时间	备　注

2）将学习活动 1 中的维修工作任务单填写完整。

五、其他故障分析与练习

1）除了本学习任务涉及的故障现象外，实际应用中，遥控电风扇还可能出现其他各种各样的故障。表 10-13 中是遥控电风扇几种常见的故障现象，查询相关资料，分析故障原因，判断故障范围并简述处理方法，在教师指导下进行实际排故训练。

表 10-13　故障分析及检修记录表

序号	故 障 现 象	故障范围	故障原因	处 理 方 法
1	低速档时电动机不转			
2	高速档时电动机不转			
3	低、中、高速档时电动机不转			
4	电风扇不摇头			
5	用遥控器无法控制电风扇			

2）故障分析与检修完毕，进行自检和互检，根据测试的内容，将自检及互检情况记录在表 10-14 中。

表 10-14　故障排除自检及互检记录表

序号	故障现象	故障范围是否正确		检修方法是否正确		是否修复故障	
		自　检	互　检	自　检	互　检	自　检	互　检
1							
2							
3							
4							
5							

六、评价

以小组为单位，展示本组维修成果，根据表 10-15 进行评分。

表 10-15　任务测评表

评 分 内 容		分值	评　分		
			自我评分	小组评分	教师评分
故障分析	能进行故障分析，思路清晰（10 分）	20 分			
	能准确标出最小故障范围（10 分）				
故障排除	用正确的方法排除故障点（30 分）	50 分			
	检修中不扩大故障范围或产生新的故障，一旦发生，能及时自行修复（10 分）				
	工具、设备无损伤（10 分）				
通电调试	设备正常运转，无故障（10 分）	20 分			
	故障未排除的，及时独立发现问题并解决（10 分）				
安全文明生产	遵守安全文明生产规程（5 分）	10 分			
	检修完成后，认真清理现场（5 分）				
检修额定用时：______，实际用时：______，超时扣分：______					
合　计					

学习活动 4　总结与评价

学习目标

1. 能以小组形式，学会对本学习任务的学习过程和实训成果进行汇报总结。
2. 能正确填写任务综合能力评价表，对学习过程中各项内容进行综合评价。
3. 学会检测故障的步骤，能够正确分析故障现象，找到故障点，检测判断元器件的好坏。
4. 学会团队合作，互相讨论学习体会，不断提升综合维修能力。

建议学时

6 学时

学习过程

一、工作总结

以小组为单位，选择演示文稿、展板、海报、录像等形式中的一种或几种，向全班展示、汇报学习成果。

二、综合能力评价

按照“客观、公正和公平”原则，在教师的指导下按自我评价、小组评价和教师评价三种方式对自己或他人在本学习任务中的表现进行综合评价，见表 10-16。

表 10-16　任务综合能力评价表

评价项目	评价标准	配分	评价分数		
			自我评价	小组评价	教师评价
职业素养（30%）	劳动保护用品穿戴完备，仪容仪表符合工作要求	5 分			
	安全意识、责任意识强，服从工作安排	5 分			
	积极参加教学活动，按时完成各项学习任务	5 分			
	团队合作意识强，善于与他人交流和沟通	5 分			
	自觉遵守劳动纪律，尊敬教师，团结同学	5 分			
	爱护公物，节约材料，维修现场符合“6S”标准	5 分			
专业能力（40%）	专业知识扎实，掌握相关理论知识，有较强的自学能力	10 分			
	操作积极、训练刻苦，具有一定的检修能力	10 分			
	技能操作规范，注重维修工艺，工作效率高	10 分			
	检测故障手段多样，判断故障点准确，会判断元器件好坏	10 分			
工作成果（30%）	产品维修符合工艺规范、产品功能满足要求	20 分			
	工作总结符合要求、维修成本低、顾客满意度高	10 分			
总分		100 分			
创新能力	学习过程中提出具有创新性、可行性的建议	加分奖励			
总评	自我评价 ×20% + 小组评价 ×20% + 教师评价 ×60% =	综合等级	教师（签名）：		
班级		学号		姓名	

注：考核综合等级分为 A（90 ~ 100 分）、B（80 ~ 89 分）、C（70 ~ 79 分）、D（60 ~ 69 分）、E（0 ~ 59 分）五个等级。

参考文献

[1] 庄汉清. 电气安装与维修技术工作页 [M]. 北京：电子工业出版社，2017.
[2] 金明. 电子产品维修 [M]. 北京：电子工业出版社，2007.
[3] 刘进峰. 电子产品装配与调试 [M]. 北京：中国劳动社会保障出版社，2020.
[4] 人力资源和社会保障部教材办公室. 电子产品简单故障维修 [M]. 北京：中国劳动社会保障出版社，2017.